ABNORMAL
PSYCHOLOGY
RECORD 2

# 变态心理实录②

## 资深心理咨询师20则人格障碍疗愈手记

刁庆红（资深心理咨询师）◎著

京师博仁（专业心理机构）◎组编

台海出版社

**图书在版编目（CIP）数据**

变态心理实录 . 2, 资深心理咨询师 20 则人格障碍疗
愈手记 / 刁庆红著 . -- 北京 : 台海出版社 , 2019.3
　　ISBN 978-7-5168-2263-0

　　Ⅰ . ①变… Ⅱ . ①刁… Ⅲ . ①变态心理学—通俗读物
Ⅳ . ① B846-49

中国版本图书馆 CIP 数据核字（2019）第 041627 号

变态心理实录 . 2, 资深心理咨询师 20 则人格障碍疗愈手记

著　　者：刁庆红

责任编辑：赵旭雯　　　　　　　装帧设计：异一设计
责任印制：蔡　旭

出版发行：台海出版社
地　　址：北京市东城区景山东街 20 号　邮政编码：100009
电　　话：010 — 64041652（发行，邮购）
传　　真：010 — 84045799（总编室）
网　　址：www.taimeng.org.cn/thcbs/default.htm
E — mail：thcbs@126.com

印　　刷：玉田县昊达印刷有限公司
开　　本：710 毫米 ×1000 毫米　1/16
字　　数：205 千字
印　　张：14.25
版　　次：2019 年 5 月第 1 版
印　　次：2019 年 5 月第 1 次印刷
书　　号：ISBN 978-7-5168-2263-0
定　　价：45.00 元

# 前言
# 世界上只有一种精神疾病

一

目前全世界通用的是第 10 次修订本《疾病和有关健康问题的国际统计分类》，仍保留了 ICD 的简称，并被统称为 ICD-10。ICD-10 将精神和行为障碍分为如下 11 类：

一是器质性精神障碍；二是使用精神活性物质引起的精神和行为障碍；三是精神分裂症、分裂型障碍和妄想性障碍；四是心境障碍；五是神经症性、应激相关的以及躯体形式障碍；六是与生理紊乱和躯体因素有关的行为综合征；七是成人人格和行为障碍；八是精神发育迟滞；九是心理发育障碍；十是通常起病于童年和青少年期的行为和情绪障碍；十一是未特指的精神障碍。

在这 11 个种类之中，排除掉器质性的精神疾病，我认为，人类的精神疾病只有一种，即人格障碍。

人格障碍病人充斥在我们社会上的大量普通人群之中，因为其社会功能的良好而不被识别，只有当他们表现出各种神经症症状、躯体形式障碍以及精神病学上面的各种临床症状的时候，我们才知道他们病了。但是人们却不知道，在这些以各种形式呈现出来的疾病的背后，都隐伏着人格的变异和障碍。

在所有的临床症状的背后，如果没有人格上的问题，那些临床症状都是不会出现的。而人格问题，却是我们普通人身上或多或少都存在的一种普遍现象。

在我们的人生过得顺风顺水的时候，我们不会出现焦虑、抑郁、强迫等现象；而在我们的人生遭遇变故的时候，这些以情绪为表现形式的东西都会冒出来袭击我们。

在使用精神活性物质引起的精神和行为障碍的一群人中，他们被内在的空虚、抑郁、自体意象模糊所驱动，希冀通过自我麻醉来为虚弱的精神找一个出口，这不是人格上的问题是什么呢？

精神分裂症或者精神病性障碍病人，他的人格基础就是以这样的两类人格障碍为代表的：偏执型人格障碍和分裂型人格障碍。在这两类人格障碍中，如果生活还比较平顺的话，他们是带着人格障碍的心理疾病存活着的；而在生活遭遇变故的时候，他们本身就不稳定的人格结构彻底地破碎了，进而退行到精神病性障碍里。

在所有的精神病性障碍里，我们都可以观察到病人在病前就有非常明显的人格异常或者是偏离以及在病愈后也有很明显的人格异常或者是偏离。

关于心境障碍，如果他内在没有人格上的问题，在遇到事情的时候，他就不会产生不合理的认知以及持续的负面情绪。

曾经在临床上扮演主要角色的各种神经症，只是人格障碍的表现形式和呈现方式。也就是说，我们以焦虑、抑郁、疑病、强迫、恐惧等形式，来反映我们的人格障碍，还可以说，人格障碍的表现形式或者叫症状，就是神经症和其他躯体形式障碍以及身心疾病。

其他，诸如失眠、身心疾病、躯体化、分离转换障碍等的背后，都有人格障碍做基础。

我们以上所说的内容的前提，都不包含器质性的精神疾病，而只是功能性的精神疾病。

我提出这样一个观点，并不是为了哗众取宠，吸引关注，而是心理治疗的临床需要。因为如果我们没有看到精神疾病背后的人格因素的话，对于治疗一个人，我们可能只能停留在表面上。

二

什么叫人格障碍？

人格（personality）或称个性（character），是一个人固定的行为模式及其在日常活动中待人处事的习惯方式，是全部心理特征的综合。

人格障碍是指人格特征明显偏离正常范围，形成了一贯的反映个人生活风格和人际关系的异常行为模式。

什么是人格障碍？简单地说，人格障碍就是性格障碍。人格＝性格＋气质。但在日常生活中，气质和性格早就如同泥巴裹着沙，互相混成一团了。

那么，什么是人格障碍呢？这太简单了，你看一个人的人际关系总是处理得很困难，和周围人相处总是有问题，八九不离十，人格障碍。

但是，那些和人相处都没有问题的人就没有人格障碍了吗？错，更有可能是。有几种人格障碍表面上看起来是非常好相处的，比如自恋、表演、依赖、回避等类型的人格障碍中的一部分人，因为存在着讨好型的人格特质，所以看起来并不难相处，只要不是和他介入亲密关系以及长期而有深度的关系，这一类人都看不出有什么问题。但是时间久了，要么是以他自我丧失为代价，要么是以他人自我丧失为代价，这种关系才可以持续下去，而最终都会以一个人的身体总是罹患一些疾病来呈现关系中的问题。

所以，人格障碍真的很普遍。

以前，在弗洛伊德时代，他说过，人人都是神经症，当然他的神经症的概念和临床上的概念是不太一致的，但是实质却是一样的。我们每个人想一下就明白，自己身上多多少少都会有一些轻微的强迫症状；广泛性焦虑在我们强调自我约束的东方文化里，也并不少见；抑郁气质或者抑郁心境，在人的一生之中总是会有一些时刻冒出来；至于恐惧症——黑暗恐惧、死亡恐惧、登高恐惧、场所恐惧、社交恐惧（如当着公众的面讲话）、疑病症……这些在正常人身上，也多多少少是存在的。而在达到神经症的临床诊断标准的那些病人身上，程度就更加严重了。

每一个表现出这些症状的病人，都会经历一个长期的过程，没有哪一个症状是会轻易地消失在他生命里的，即便是按照传统的说法，治疗神经症的困难也并不比治疗人格障碍轻，那是因为其实这些神经症本身就是某种人格障碍的呈现。这些神经症的症状已经内化成为他的人格的一部分了。一个强迫症的病人，周围的人和他正常相处还是有困难的，他对这个世界有诸多的恐惧和幻想，他对自己在这个世界的存在方式是持基本的怀疑态度的，他的强迫无非是对他的人格变异的一个反映而已。

在临床上，强迫症可能出现在自恋型人格障碍、边缘型人格障碍、强迫型人格障碍、焦虑型人格障碍以及精神分裂症等心理疾病之中。也就是说，好多个类型的人格障碍都可能以强迫症这样的表现形式来呈现。

人格障碍这四个字组合起来，貌似是一种很严重的心理疾病的样子，但是，单纯从障碍两个字来说，含义是指正常的道路上遇到了阻拦的东西，那么，如果我们从这个含义去理解人格障碍，就是人格在发展过程中遇到了阻拦的东西，所以导致一个人的人格发生了偏离。从这个角度来理解人格障碍，其实不必有太大的恐慌。

老百姓有一句话是"人无完人"，这句话很好地说明了每个人的性格都有一些让身边的人不爽快的东西。这些让人不爽快的存在，就是性格上的毛病。

科胡特说了，没有完美的父母养育，这句话背后的潜台词就是，我们每个人势必都是带着某种人格缺陷而活着的。

是缺陷更严重，还是障碍的命名更严重？

每个人的一生，都多多少少会带着一些或明显或者暗淡的心理疾病前行。

人格障碍没有伴发神经症现象的时候，这个人的人格功能是良好的，人格的问题是潜伏起来的。一旦爆发神经症的症状或者是其他更严重的症状的时候，我们就说，这个人病了。

很多人格障碍都是无法被识别的。就拿自恋型人格障碍来说吧，他们的价值观和社会潜意识层面流行的价值观非常吻合，我们发现不了他们有什么问题，相反，他们很容易成功，只是在成功的道路上把他人都当作棋子利用或当作绊脚石踢开。但是，病人虽然获得了各方面的成功，内在世界却会时常感觉到空虚和抑郁。我们经常看到的工作狂、学习狂、"停不下来"、过劳死，或许就是他们内心病了的信号，可惜，因为这个东西和我们社会提倡的价值观是吻合的而不被发现。这类人虽然取得了很大的社会成就，但是无法体会到生命的意义、存在的价值，无法安然地享乐，因而产生慢性焦灼、慢性内耗，这些问题的背后其实都是以人格障碍为实质的心理疾病。

而我们每个人在自恋这个问题上，或多或少都存在着创伤。

美国的心理治疗巨匠南希·麦克威廉斯（Nancy McWilliams），哲学博士，现在新泽西州立大学罗格斯应用与专业心理学研究生院教授精神分析理论与治疗；同时，在新泽西州弗莱明顿私人执业；曾任第39届美国心理学协会（APA）精神分析分会主席。

她在一次讲座上对心理咨询师说过这样的话：

你们自己在做自我体验的时候，其实你能够感知到自己的症状中是有一些疯狂的因子的。当你的治疗处于强烈的移情阶段和退行阶段的时候，你发现你根本分不清你面对的治疗师是过去的客体还是真实的治疗师，过去和现在的混淆感非常非常强烈。所以你作为一个临床心理学的工作者，作为临床医师，你自我体验做得越多，做得越深厚，你越会发现自己和病人之间没有区别。

……

没有一个人敢说自己在一生之中，任何时候心理都健康，任何时候都没有心理疾病。所以，人格上的缺陷或者是障碍，是我们作为一个人的深深的疼痛，是对人生探索而不得结果时的一种高贵的状态，是每一个人在这个世间的存在之在，所以要尊重我们的这种伴随着心理疾病的生存状态。

有一些高官，社会功能够好了吧？但是他会去犯罪，因为经济或女人的问题而锒铛入狱。但是，我们仔细了解他入狱之前所做的那些事情，似乎总是"故意"遗留了一些证据给别人逮到。在他的潜意识层面，就好像做那些事情的目的就是等着被抓的。背后所隐伏的，就是这个人的人格问题。

很多文学家、艺术家、政治家、科学家，比如斯大林、希特勒、凡·高，爱因斯坦等，都是严重的人格障碍病人。

甚至我们还可以这样说：整个世界，都是由人格有障碍的人创造的。面对我们存在的伤口，并不是一件可耻的事情。相反我倒觉得，人格没有问题的人会是一种什么样的状态？一个各方面都整合得很好，不会出现情绪问题和认知偏差的人，这样的人的模型和模板是谁？他在哪里？他还好吗？他是上帝还是佛陀？

为什么悲剧总是比喜剧更有力量和深意，那是因为悲剧是一个有缺陷的存在，有丧失的存在，这提示悲剧更能够接近我们生存的真实状态。有丧失，才给创造和得到留下空间，而完满，总是让人觉得不真实以及更加的虚空和虚无。从这个意义上说，我们的人格都有点问题，或许是一件好事。

这只是我们愿不愿意去看到，愿不愿意去承认的问题。

三

很多人活了一辈子，到死都不知道自己居然是某种心理疾病的携带者，他只是一辈子围着医院转，被各种各样躯体化的症状所包围，被各种各样的人际关系困扰所挫败。

这样的人在生命世界里，太多太多。

朱德庸直到五十多岁，才知道自己罹患了阿斯伯格症，这是一种很严重的心理疾病了，他带着这样的心理疾病活了一辈子而不自知。类似的情况太多太多，我们身边的许多人，按照我的观察，其实都是某种人格障碍病人，他只是还能够正常地生活，用各种办法来转移自己对生活感受到的无力和无意义。

日本某个精神科专家写了一本书，叫《人人都有病》，而且这个病就是人格障碍。的确，每个人身上，都多多少少有一些让他人觉得难以忍受的地方，这些地方是他本人的软肋，也镜映出他身边的人的软肋，而我们就是在这样的互相碰撞、互相"厮杀"又互相依赖中建立关系的。

在弗洛伊德的那个时代，精神病学家和心理学家对心理障碍的关注点和研究范围，还没有扩大到人格障碍，所以，感觉神经症是主流；而到我们现代社会，人格障碍现象的增多以及人们对人格障碍关注和研究范围的扩大，让大家觉得人格障碍不容忽视。

在中国，当一个人摇着头这样评价另外一个人的时候，后者要么是人格障碍，要么离此也不远了，这句话就是"江山易改，本性难移"。而事实上，哪个人不是这样的呢？

是的，这里的本性就是人格，而人格障碍的改变，就是比江山的改变都还困难的。这是因为，形成核心人格的关键时期和敏感时期，一般都是在3岁以前，甚至可以早到1岁以前。这些前语言时期的创伤，很难被个体意识到和捕捉到，但创伤的后遗症却在成年以后被固定地组织到了一个人的人格结构里，从而形成非常稳定和固执的人格特点和行为方式。

人格障碍的最终表现，是这个人的人际关系问题。这个人很难和人形成稳定的亲密关系，或者只是一种假性的亲密关系，就是两个人都互相需要，比如权力型的人和依赖型的人，就可以很完美地度过一生，但是你仔细地去观察他们的关系，就会发现这种关系的质量很低。关系中的某一个人仅仅是因为害怕被抛弃而紧紧地"吊"在这段关系里。

卫生部门的一个统计结果显示，我国约3.4亿17岁以下未成年人中，至少3000万人有各类学习、情绪、行为障碍。调查显示，中小学生心理障碍患病率为21.6%至32%，突出表现为人际关系、情绪稳定性和学习适应方面的问题。

这样的一个统计数据意味着什么呢？意味着中国的每三个学生中，就有一个存在心理障碍！他们有可能就是未来的人格障碍患者。

精神科里住院的病人，除了精神分裂症，最多的就是抑郁症、焦虑症、双相情感障碍、躯体化，等等。其实，这几种以情绪异常来命名的精神疾病的背后，大多是有着人格障碍的基础的，但是，精神科或者心理卫生中心一般不会给一个人下人格障碍的诊断。

在医院系统中，一旦给一个人下人格障碍的诊断，就意味着这个人不是通过医疗手段可以治疗好的。医疗手段只能对他的抑郁症、焦虑症和某些疯狂的病症进行治疗，但是无法去撼动他的人格。因为一个人的人格是需要漫长而艰辛的心理治疗才能看到效果的，而这个过程成功与否还取决于来访者自己对治疗的配合和领悟的程度。

人格障碍不属于医疗保险报销的范畴，这也是医院系统里很少对人格障碍下诊断的一个原因吧？

所以，人格障碍这样一种广泛而普遍的心理疾病，反而是一种被普遍忽略的心理疾病。我们只关注人格障碍病人所表现出来的那些情绪障碍，而忽略了在那些情绪障碍背后的人格问题。

## 四

很多医院是不允许心理咨询师接手人格障碍的，连神经症都不能接手，这是不符合精神疾病的实际状况的。对于人格障碍，心理咨询或者精神分析是唯一可以从根本上撼动和改善他们人格特质的途径。心理咨询师在和来访者建立了良好关系的前提下，以自己的人格力量去影响来访者，通过一定的移情和反移情的工作，慢慢地，就会让来访者发生奇妙而神奇的改变。

精神分析治疗人格障碍，有很多循证医学的例子，弗洛伊德的经典精神分析，为我们理解癔症型人格障碍提供了坚实的理论基础，科胡特的自体心理学是治疗自恋型人格障碍病人的利器，科恩伯格的移情焦点疗法为治疗边缘型人格障碍提供了大量的临床经验，拉康的临床分析实践对于一个人去掉病理性自恋也十分有效，约翰·鲍尔比的依恋理论可以解释很多人格障碍的起源……

认知行为疗法对于人格障碍的治疗效果，也是得到了循证医学的检验的，阿伦·贝克和他的后继者的一系列临床实践，对于治疗各种人格障碍都取得了很好的效果。

存在人本主义疗法对人格障碍的治疗，也是通过咨询师的无条件接纳，修正来访者早年头脑里的严苛的客体意象，从而自我饶恕和宽恕，慢慢地缓解自己的焦虑情绪，改善自己的人格特质。

面对所有的心理疾病背后都有人格这样一个因子在起作用的情况，心理咨询又恰恰是最能够对一个人的人格发生作用的途径，我们有什么理由把心理咨询师排除在对人格障碍的治疗队伍之外呢？当然，这里的心理咨询师也是有前提的，要是货真价实的心理咨询师，一个经过长期而系统训练的心理咨询师，一个充分了解自己的心理咨询师。

人格障碍里面会有无数的分类，其中还涉及高功能的人格障碍、低功能的人格障碍以及破碎性的人格障碍，也就是精神病性的人格障碍。在病人急性发作期间，有很严重的认知问题和情绪问题的时候，是不适合做心理咨询的。这个时候需要医疗机构先把他们的崩溃和疯狂的情绪给平复了，心理咨询才可以随后介入。

所有的情绪背后都一定有一个歪曲的或扭曲的认知，虽然情绪出现的速度总是很快，但是并不能把情绪背后或在意识层面乃至潜意识层面的认知成分给抹杀掉，心理咨询最为有效的就是改善来访者的认知和相应的情绪反应。

所有的人格障碍，背后其实都是认知出了问题，引起一系列病态的核心信念和低自我价值感，所以附带情绪出现异常，因而形成这个人一贯的性格特点。

面对一个人的性格（人格）问题，除了心理咨询，还有什么途径可以更快、更有效呢？


五

本书中的个案，均是征得来访者同意才发表的。尽管这样，我还是对个案的身份信息做了修改，以尽量不暴露个案的身份为宗旨。

个案中有一些是我的个案，有一些是我的同行们的个案，在文中统一以"我"来指代心理咨询师。

在此，特别感谢这些个案的大公无私，愿意奉献自己的生命秘密，提供给本次个案的写作，以帮助更多需要帮助的精神痛苦的人们。

本书成书仓促，错误之处在所难免，加之本人能力所限，从一个心理咨询师的角度去解读一些精神病理现象，难免出现各种纰漏，还望同行指正。

习庆红

2018 年 7 月 23 日

# 目　录

# 第一章

## 古怪类人格障碍

偏执型：一个四面树敌的女人
分裂型：不能化解的心结
分裂样：我值得被爱吗？

# 偏执型：一个四面树敌的女人

她叫李小沛。

早上醒来，打开房门，她看见门口的水泥地上吐着一摊秽物，很明显，这又是楼上哪一家的酒鬼在昨天晚上经过她家门口的时候干的好事，这已经不是第一次发生这样的事情了。她顿时觉得自己的喉咙里有被堵住的感觉，一股无名火迅速地升腾起来，她对老公说："这是哪个杂种，专门要吐到我家门口，来针对我？老娘准备到这楼上去一家一家地问，总之得把这个杂种问出来，看他以后还敢这样欺负老娘……"

老公和她对这个问题的看法完全不一样，老公说："你想，我们家住二楼，他从一楼走上来，刚好走到这个地方，就想吐了，他并不是针对我们家的。只是我们家的这个位置刚好是他走路上来引吐的一个位置……"

她不相信老公的话，在她心中，一定是有一个人在报复自己，至于为什么要报复自己，她头脑里没有这样的概念——因为她才搬到这个地方一年多，而且其中有半年的时间，她还在外地学习，楼上的邻居没有一张熟悉的面孔，就连打照面都很少——那么，那个在她家门口吐了几次的酒鬼，为什么要专门针对她呢？

他们家这个小区，是一个只有 5 层楼的小区，没有电梯，都是楼梯，一梯两户的那种普通楼房。

今天是周末，老公带着她回到公婆家，公婆家有许多兄弟姊妹和他们的配偶以及孩子，都会在周末回到老人家团聚。

团聚回来，她又冲着老公大叫："你那个姐姐，说话总是含沙射影的，当着我们的面拿钱给你爸爸妈妈，这不是摆明了要我们也给嘛，或者是嫌我们之前给的少了……"

老公安慰她说："你完全是误会了，我姐姐在前几天向我爸妈借了一笔钱，今天是还他们呢。"但是，老公的话对她没有用，因为以前大姑姐的确是说过的，他们在经济条件好了以后，应该给父母一些支持，父母准备在这块老宅基地上，重新盖房子，需要不少钱呢。

她平时积攒下一点点钱，都会想办法拿去支援自己的娘家，她要帮弟弟买房子付首付。弟弟一直缺乏这个能力，她作为姐姐，不可能不帮弟弟。所以，这些年来，她从来也没有给过公公婆婆经济上的支持，她对他们没有感情，她也不想给他们钱，因此，她能从大姑姐的话里听出对她的责怪。

10年前，老公家的弟弟妹妹都在读大学，正是需要用钱的时候。那个时候，她和老公才参加工作不久，但是，两个人的工资都很高。即便是这样，她也不愿意拿钱给公公婆婆资助丈夫的弟弟妹妹。因为她生孩子的时候，婆婆没有拿过一只鸡过来，也没有照顾过孩子和她，所以她心里记恨着这个事情，觉得公公婆婆薄待她，所以她要报复他们。

后来，公公把原本买给他们夫妻的小洋房卖掉了，卖的钱就拿去供老公的弟弟妹妹们读书，她和他们的关系就走得更远了。

女儿长大的过程中，她很少让女儿回到公公婆婆家，她总是觉得公公婆婆会在女儿面前说自己的坏话。

有一次，公公婆婆到她住的地方旁边的一块空地上来帮她挖土，想种上一些白菜秧和葱、蒜苗之类的蔬菜。公公婆婆离开了以后，她在地里找到一块小木头，她对老公说："你看，这上面的笔画好像是我的名字的简写，木头上面还有针眼，这一定是公公婆婆在给我施法，希望我早点死去……"

老公觉得她的思维完全不可理喻，简直无法和她交流，只好什么话都不说了，任凭她自说自话。

小沛在读大学的时候，和寝室里的另外5个同学都处处针锋相对，她总是觉得她们在针对她。别的同学关门的声音重了一点，她觉得别人是故意影响她休息的，就要起床和那人吵架；上铺的同学从床上抖落一点东西到她的床前，她觉得那个人是在表达对她的不满，所以她要和那个人吵架……总之在她的内在世界里，别人都是在收拾她，她也不示弱，就和她们为敌。最终，那几个同学联合起来孤立她，她在寝室里待不下去了，后来一个人搬出来，在校外租了一间房子自己住。

一个人住的时候，每天晚上，她会在自己的寝室门后面堆放上 4 个沉重的凳子，确保自己是安全的。

有一次她要出国去玩，在"飞猪"上买飞机票，买了几次没有买成功，她很着急，然后给客服打电话，客服很认真地指导她怎么操作。等电话打完，回来继续操作的时候，她发现她订的那班飞机的票价就上涨了，但是，因为余票不多了，她也只能买了。她心里马上浮现出的感觉是，有人在针对她，故意给她涨价的。买完以后的第二天，她又去查那个飞机票，发现飞机票又下跌了，这更使她相信自己是被人故意收拾的，至于那个人或者那个系统为什么要这样针对她，她也不知道。

这样的感觉，在她生活的方方面面都存在着的。她时刻都觉得有人在故意针对她、整她，哪怕人家和她素不相识，甚至素未谋面，她也觉得别人是成心在针对她。

在单位，她的这种感觉就更为强烈，所以她工作这么多年，在单位里没有一个朋友，反而到处都是敌人。她总是觉得科长在给她穿小鞋，同事在给她使绊子，他们安排给她的工作任务都是在整她。

她才开始参加工作的第一年，因为单位里的一个同事怀孕，所以领导希望她可以代替那个同事做一些文件收发和资料传递以及打字的事情。她坚决反对，并非是她不知道那个同事已经不适合做这个工作，且她也完全可以胜任这些事情，而是她感觉到别人在欺负自己是新人，所以才给自己安排这样的差事。所以她一定要反对，那个怀孕的同事没有办法，只能继续做着那些杂务工作。

她是一个长相还算是漂亮的女人，人很瘦，但是五官非常不错，尤其是眼睛很大、很有神，水汪汪的。当初，她老公就是被她的一双眼睛给吸引住而最终娶了她的。

之前她的科长估计也是被她这双眼睛给迷住过，所以曾经对她有过非分之想，至于科长是否对她做过什么，谁也不知道。但是，最近她反复在闹，说科长打击报复她，因为科长给她安排了另外一项工作，而那个工作是她不喜欢的，她认为是因为自己之前拒绝过科长的暧昧，所以科长通过工作的重新安排来收拾她。

她去和科长交流过自己的疑惑，科长说："你这个年龄了，那种有点冒险的工作，还是让年轻人去做吧，我这是在保护你。"但是她听不进去，她说："我也还年轻啊，我工作能力那么强，凭什么让我做这些老年人的工作，这个工作让我很没有成就感！不行，我还是要做我原来的工作。"

科长就说："现在我已经把工作安排下去了，你再等一段时间，我看看还有没有新的机会让你做那份工作，好吗？"

她没有办法，只能接受这个安排，但是，在和年轻的同事合作的过程中，她很被动，很拖延，根本就不愿意和别人合作。科长没有办法，过了一段时间以后，只能在背地里申请把她调动到别的部门去了。

她与所有人的关系都如同树敌，她和老公的家人也相处得不好。老公觉得她性格非常怪异，对她的态度也逐渐开始冷淡。

老公对她的态度越来越冷淡之后，她也有所觉察。刚好最近老公的工作有所变动，在外应酬的时间比过去多了起来，回家的时间也经常不能确定，她开始频繁地给老公打电话，叫老公发自己的定位给她。她老公烦不胜烦，但是因为知道她的脾气，所以还是耐心地告知她自己在哪里，在做什么。

有几次，她还是敌不过自己内心的猜忌，跑到老公应酬的酒店里去看，她从酒店包间的玻璃门上，看到老公的确是在和他的上级领导喝酒，这才安心地返回去了。

后来她开始查老公的手机了，老公肯定是不让她查的，但是，她会趁老公睡着了或者喝醉了的时候查。总之，她要想查，总是能够找着机会的。老公的手机设置了开机密码，但是，她早在某个时机下，就把这个密码看到了。

她在手机里发现了老公和某个女同事交流工作的时候暧昧的态度，她认识那个女的，她是和老公一个科室的，都来过他们家吃饭。联想到老公很长一段时间以来对自己的冷漠以及很少过性生活，她头脑里立刻浮现出老公和那个女人在一起卿卿我我、耳鬓厮磨，甚至做爱的场景，这种想象的画面几乎快把她弄到窒息，他怎么可以这样对我？他怎么可以这样对我？这个该死的男人！

一种被背叛的感觉油然而生，她无法接受因为这个事情而产生的自己在老公心里快不存在了的感觉以及这种感觉带给她的羞耻感，她马上把老公揪醒，问他是怎么回事儿。

睡眼蒙眬的老公被她的表情吓住了，再一看她拿着他的手机质问他和他的同事的暧昧言辞，不由得"扑哧"一笑："就这个事情啊，我们俩那么多年的同事，说话早就是那个风格了，有什么好奇怪的吗？你脑袋进水了啊，这种东西都拿来问我，还有，我让你开我的手机了吗？"

她说："你的手机为什么要设置密码？你有什么不可告人的秘密需要隐藏？"

他说："就你这德行，我如果不设置密码，你每天的工作不就成了间谍或者特务了吗？你的任务就是去查我的行踪，查我和哪个女人在一起是吧？我哪天真给你搞个女人，通知你来捉奸好不好？……"

她说："你在外面真没有女人吗？"

他说："你想要我有吗？"

她说："你如果没有女人，为什么那么多天都不碰我一下？"

他说："你一天到晚都疑神疑鬼的，我都不被你信任，我哪里有兴趣来碰你……"

她听到这里也笑了，其实她内心是很依恋自己的老公的，老公对她也一直很好，包容着她许多的不可理喻，她偶尔清醒的时候也知道老公是不会出轨的。但是，过不了多长时间，如果老公哪一点表现让她心生疑窦，她又会开始怀疑老公要背叛她了，任凭老公怎么解释都是没有用的。

终于，在几年后，她老公感到自己无法承受这个妻子的各种猜测和怀疑，使了一个计策，成功地和她离婚了。老公是一个很爱女儿的男人，之前也是因为顾虑到她生孩子的时候难产，受尽折磨，所以对她一直有愧疚，想要弥补她。但是，最后老公发现自己快被折磨成神经病了。

离婚后的某个凄风苦雨的夜晚，她在梦里问自己：你真的相信这个世界上的所有人都不会爱你吗？你真的相信所有人都是要害你的吗？她哭着醒来，发现枕头上全是泪水……

## 对偏执型人格障碍的解读与调适

（1）

故事中的小沛生长在一个普通的工人家庭。

小沛的妈妈平时还是很宠爱小沛的，家里的经济条件一般，但是小沛提出的一些要求，妈妈都会满足她。

平时，妈妈不准小沛出去和小伙伴玩耍，理由是会影响小沛的学习。但是，妈妈时常传递给小沛的观点是：外面的人都是坏的，居心叵测的，你对他们好，他们会利用你；你对他们不好，他们会收拾你。

妈妈时常因为小沛的学习成绩而暴打她，小沛有时候会故意和妈妈对着干，故意考得很差。妈妈有一次发现了女儿是这样做的，于是把她吊起来打。

平时，妈妈对待小沛也是比较随意的。小沛让她不舒服了，她可以顺手就给女儿一巴掌。小沛从小就非常倔强，无论如何都不会向妈妈低头。

后来，妈妈成了一个佛教徒，性格改变了许多。但是在外人看来，妈妈还是那个样子。

小沛在外地参加工作以后，工作条件很好，但是妈妈坚决要小沛调动回自己的身边，小沛最终还是调动回来了。然后妈妈到处找人给女儿介绍对象，一直逼着女儿去相亲，小沛最终还是拗不过妈妈的意思，嫁给了自己的丈夫。

小沛在外地工作的时候，生病了，去开的药方，妈妈要小沛把方子发给自己，自己去同仁堂抓药，然后坐动车到女儿所在的城市拿给她就离开了。女儿虽然之前再三地说自己可以去抓药，但是妈妈不相信，一定要亲自把药给女儿送过去。

在这种时候，小沛感觉到的是沉重的压力。妈妈并不管她需要的是什么，总是把自己觉得好的东西给她。

小沛在离婚以前，跟妈妈说起过几次丈夫对自己的冷暴力，妈妈说："没有啊，他这哪里是在对你冷暴力嘛，他还是会给你买项链，还是在照顾你的生活嘛……"小沛吃惊地望着妈妈，感觉到妈妈是一个很冰冷的人，妈妈虽然热火朝天地说着话，但是那些话却没有任何的温度。

后来，丈夫把他自己弄到精神病院去住院了，才和小沛成功离婚。离婚后，小沛听人说起丈夫的近况，才知道丈夫并没有真正生病。面对痛不欲生的小沛，妈妈说："这么好的一个男人，可惜了，自己的婚姻，自己要守好的，把这么好的男人搞丢了……"

怎么做，都是你的错。小沛突然觉得这种感觉好熟悉，小时候就是这样的，无论小沛做什么，妈妈都觉得是小沛的错，而且要把小沛拉到那个错误的结果面前，让她好好看清楚，让她心疼、让她后悔、让她难受……

爸爸妈妈离婚的时候，小沛只有五岁多，妈妈有整整半年都无法从抑郁和歇斯底里的状态中走出来。爸爸是因为外遇和妈妈离婚的，那半年，妈妈对于小沛是陌生的，妈妈很少和小沛说话，小沛的情绪也不能在妈妈那里表达。

几年以后，妈妈再婚了，但是妈妈依然时常会对小沛说："你看，你爸爸再婚以后生了一个儿子，又离婚了，那女人坚决不要孩子，她现在过得多逍遥，多自在。没有孩子在身边，她再婚也比较容易……"

很多年以后，小沛已经十多岁了，在某一次妈妈再次这么说的时候，小沛鼓足勇气质问妈妈："妈妈，你和爸爸离婚的时候，是不是后悔选择了我？"

但是，妈妈是矢口否认的，小沛感觉妈妈很虚假，但是她也无能为力。

（2）

偏执型人格障碍的诊断标准：

对他人不信任和猜疑以至于把他人的动机解释为恶意的。起始不晚于成年早期，存在于各种背景下。表现为下列症状中的 4 项（或更多）：

①没有足够依据地猜疑他人在剥削、伤害或欺骗他；

②有不公正地怀疑朋友或同事对他的忠诚和信任的先占观念；

③对信任他人很犹豫，因为毫无根据地害怕一些信息会被恶意地用来对付自己；

④善意的谈论或事件会被当作隐含有贬义或威胁性的意义；

⑤持久地心怀怨恨（例如，不能原谅他人的侮辱、伤害或轻视）；

⑥感到自己的人格或名誉受到打击，但在他人看来并不明显，且迅速做出愤怒的反应或做出反击；

⑦对配偶或性伴侣的忠贞反复地表示猜疑，尽管没有证据。[①]

任何一种人格特质，都是包含有从健康到病态中间的无数种过渡状态的。

比如偏执，在正常的那一边，可以促使一个人为了自己的理想而不屈不挠地奋斗。在很多政治家的身上，我们可以看到偏执这样一种气质在正常谱系中的应用。他们不会对邪恶势力妥协，一定要和邪恶势力抗争到底的决心，看起来很像是偏执状态在有魅力的这一端的一种呈现。

可是，到了偏执型人格障碍这种状态的时候，他们往往让身边的人无法"消受"他们的独特性。

和偏执型人格障碍病人相处是一件很不容易的事情，在他们的内在的精神结构里，完全是通过投射在和别人打交道。而这个投射的主要内容就是：我自己是好的，而你是坏的。

我自己是好的，你是坏的。这样的一种逻辑思维会导致怎样的结果呢？就是身边的人无论做什么，都是有企图的，都是在利用、剥削、迫害他；还

---

①美国精神医学学会编著，（美）张道龙等译：《精神障碍诊断与统计手册（第五版）》（DSM-5），北京大学出版社2016年3月版。

可以说，你对他好也不行，因为那背后一定有阴谋，或者是要抛弃他的前奏；你对他不好那更不行，那简直就是直接无视他的存在。而这样一种感受，本来就是偏执型的人在童年时期最大的创伤，他要么立刻无情地报复你，要么记恨你很多年，也不会忘记。

是的，别的人受伤害的感觉是有时限的，比如边缘型人格障碍病人，虽然发作起来很疯狂，但是也有很可爱的地方，你对他的伤害，有可能他转过背或者第二天早上起床就忘记了。而如果你不小心得罪或者惹恼了一个偏执型的人的话，你就没有这么幸运了，他可能在10年以后，还会提起当年你曾经是怎样欺负他、羞辱他或者是慢待他的。

（3）

偏执者的状态，其实像是一只惊弓之鸟。

什么是惊弓之鸟呢？就是他曾经受过伤害，他还一直待在那个受伤害的时刻，他还活在那个受伤的时间点。他无法面对时光的穿梭，回到现在，他一直在防御，防御有没有人会继续伤害他。为了避免被伤害时候感受到的低自尊或者是羞辱的体验，他随时都准备先发制人，这导致他不得不四面树敌，或者时常四面楚歌，孤独终老。

就拿希特勒来说吧，他就是一个典型的偏执型人格障碍的病人。在他小时候，他爸爸时常暴打和控制他，他的同父异母的哥哥忍受不了父亲的残暴，就离家出走了，希特勒也想离家出走的，但屡次被父亲抓回来，然后关起来，不准他出门。有一次，他把自己全身脱光了，想着这样方便穿过栏杆，结果被父亲发现了，他赶紧拿床上的被单把自己光溜溜的身体给包裹起来，父亲这次很意外地没有暴打他，而是把他妈妈叫过来一起看他的笑话。这种体验被希特勒视为一种羞辱，他把这个时刻记住了，并且很难从他的记忆中抹去……

成长起来以后的希特勒，对于别人的羞辱都具有一种强烈的条件反射和一种类似于惊弓之鸟一般灵敏的反应。

其实和重要他人的这些交往，会让一个人产生一种过度的防御，那就是，总是认为有一个人想来攻击我、惩罚我，这个世界是如此的无情。那么，我得把我自己保护好，不要让自己再次遭受攻击、羞辱，重蹈覆辙。在这个时候，"我是好的，而你是坏的"的理念会变得异常坚固。

你是坏的，那么，消灭你，就是我的重任了。所以，希特勒式的战争狂魔就这样诞生了。

案例中的小沛也是这样的，她消灭别人的方式不是发动战争，而是我无视你的存在，我无视你为我做过的一切，我就是要和你斗争，看看谁是胜利者。

小时候她和她妈妈斗，她是失败者；长大以后，她和同学斗，和同事斗，和老公斗。没有直接的输赢，但是，她所有的关系都破裂了，谁是失败者呢？

希特勒也是一样的，他赢得了战争吗？他赢得了身边的女人吗？他身边的女人一个又一个地自杀，或者试图自杀，她们以极端的方式抛弃了这个强权者，希特勒究竟赢得了什么呢？

偏执者的世界是变形了的，哪个人进来，哪个人就会被看成是变形的。

（4）

偏执者最核心的情感是恐惧和羞耻。

他们的恐惧多半和"被毁灭恐惧"相关，在年龄太小的孩子那里，他们不能辨识父母的意图中攻击和伤害自己的出发点带着父母本人的人格缺陷，他们只是感觉到父母很厌恶自己。这种厌恶达到一定的程度，比如父母通过躯体虐待或者语言虐待来反复伤害孩子的时候，孩子感受到的就是父母大概是想把这样一个不受欢迎的孩子给灭了。

带着这样的恐惧，偏执型人变成了一只惊弓之鸟，他随时都在提防，随时都在观察谁可能背叛他，可能伤害他，可能诋毁他，可能报复他。在这样紧张的状态下，这一类人一般都会伴随着躯体上的疾病，比如胃病、肝病之类。

他既然是如此地恐惧，那么，消除恐惧的最好方法就是，我先发制人去预防我可能会受到的伤害。所以，他会主动出击，他绝不能坐以待毙，他开始行动的时候，那个预想中的人就会感到被他伤害了。

看到没有，这里有一个内在现实和外在现实的真实差异。

比如，小沛的老公其实是没有外遇的，这就是一个外在现实，但是在小沛的心中，老公就是对她不满，不喜欢她，老公随时都在寻找比她更好的女人，这就是小沛的内在现实。这个内在现实和外在现实是不一致的，但是，偏执型人一般意识不到这一点，他们是直接把自己的内在现实当作外在现实来发难的。

关于羞耻的体验，偏执型人的抚养者一般都喜欢羞辱自己的孩子，但是在父母那里，他们没有觉得这是羞辱。他们觉得，他们的父母也是这样对待他们的，他们的父母也是这样和孩子互动的，只是调侃一下自己的孩子，或者让孩子去看他自己错误的地方，这哪里是羞辱嘛？

但是，在一个自尊心系统还没有完全建立起来的孩子那里，在一个自尊心系统还非常脆弱的孩子那里，他们很容易受到父母的言行的影响，他们会把父母的整个评判系统内化，从而成为自己对自己评判的一个重要参照点。

所以，这样的孩子常常体验到自己是无用的，自己是无能的，自己是不可爱的，没有价值的，这个东西在大部分的人格障碍病人身上都有。但是偏执型人采取的措施和其他人格障碍病人是不一样的。为了避免自己体验到这个部分，偏执型人会把这个东西投射出去，让外界的人来感受这个东西，而自己却完全屏蔽自我来承担这个部分。这样做的结果依然是：我自己是好的，而你是坏的。我自己是有能力的，是你笨，是你无能。

所以，偏执型人容易形成一些超价观念，他们觉得自己很完美，自己能力强大到不行了，自己可以为身边的人带来命运的神奇转折，自己可以为别人承担很多的重荷。

这就是偏执型人消除他们的羞耻感的办法。但是这个办法只能是一个缓冲之计，他们最终还是得面对自己吹起来的气球瘪下去之后的尴尬。这个时候，他们很可能会陷入深深的内疚之中，抑郁症症状也常常在这个时候来光顾他们。

（5）

在克莱因的理论里，实际上，我们每个人身上都是带着一部分偏执的特性的，同时又带着一部分抑郁的特性。这两种特性是克莱因理论中最著名的两个位态，即偏执位态和抑郁位态。

偏执位态是什么意思呢？就是 6 个月以前的婴儿，在妈妈不能满足他的某些时刻，他会感觉到那个妈妈是不是想他死啊，因为他饿得眼睛都花了，或者孤独得感觉不到自己的存在了，妈妈都还没有出现。这个时候，这么小的婴儿是无法解读妈妈的状态的，比如妈妈上班了，把他交给一对老人在抚养，而那对老人喜欢玩麻将，总是不能及时地出现在他的面前。这个时候的婴儿，不论是生理上的需求还是精神上的需求不能被及时满足的话，他都容易产生一种被毁灭的焦虑，如果这样的现象发生的概率比较高的话，这个婴儿就容易形成偏执的人格特色。

6 个月以后，婴儿渐渐地可以整合妈妈在他心中的印象了，虽然妈妈有时候顾及不到他的需求，但是，大部分时候还是会及时地满足他的需求的。这个时候，婴儿将进入抑郁位态，他能够在内心接受妈妈有时候不在场，并且坚信妈妈的爱还会回来。但是，因为妈妈某些时刻的不在场，婴儿体验到的是短暂的丧失，他要让自己接受这个丧失，这就是抑郁位态的来源。

人长大以后，其实都会反复地在偏执和抑郁的两种状态中摇摆：那个人对我的态度有变化，他是不是不喜欢我了，要抛弃我了啊？如果是坚信，很可能掉入偏执；如果只是质疑，质疑完了还是在等待，那就是抑郁。

抑郁者在感觉到对方的态度有所变化的情况下，是可以整合对方对自己的情感的，他头脑里会回想起对方还有许多对自己好的部分，然后用这些部分去整合对方此时此刻对自己的某种侵犯或者是忽视，最后形成一种综合的感受。

偏执者在感觉到对方的态度有所变化的情况下，很难整合头脑中那个人其实还有许多对自己好的部分，只要那个人惹到他，那一定是对方已经变心了，已经要对他不利或者要抛弃他，迫害他了。所以，他马上把自己的全部身心状态调整为备战状态。在这里，我们可以看到很多在起作用的原始创伤所形成的条件反射的痕迹。

（6）

偏执型人格障碍病人很少求助心理咨询，因为他们觉得自己没有问题。

哪怕他们的人际关系历来都非常惨淡，他们也认为那是别人的问题，即便是和所有的人都背道而驰，他们依然认为是别人的问题。

即便这类人中有为数不多的人走进心理咨询室，他们也会因为对心理咨询师充满了戒备、贬低以及极度的不信任，而导致咨询关系的建立充满了困难。咨询过程也常常是一波三折。

但是这并不意味着偏执型人不能改变，通过心理咨询，或者是通过亲密关系，重塑人格特质是可能的。

第一，要理解偏执型人在偏执背后所隐藏的恐惧。要理解这种恐惧多半是包裹在愤怒的外衣之下的。理解了这一点，偏执型人的防御可以很迅速地瓦解。

第二，当偏执型人表达对别人的抱怨时，如果此时能做到不与他的偏执针锋相对，而是着重向他表达理解别人如此对待他而导致他的愤懑情绪，那么他的怨气也会消散。指明他的情绪唤醒状态并积极寻找导火索，通常可以制止偏执行为。如果身边的人能够深度体察偏执型人的伤痛，并给予温柔抚慰，那么偏执的阴霾或许会云开日出。[①]

第三，要学会区分思维和行动的界限。一些偏执型人会误把自己的具有攻击性的想法和念头理解为自己是已经付诸行动了的，从而出现强烈的内疚。事实上，允许自己出现恶念，并坦然地接受自己可以拥有恶念，通过恶念来表达自己的愤怒，但是不必通过付诸行动来表达恶念，也是偏执型人成长的一个方面。

第四，要学会整合性地看待一个人。比如，在感受到对方的敌意的时候，头脑里还要去搜索他之前对自己友好、善良以及关爱的那些部分，然后把这些相互矛盾的信息中和一下，再来整体性地感受一个人真实地对待自己的那个部分。

---

① （美）南希·麦克威廉斯著，鲁小华、郑诚等译：《精神分析诊断：理解人格结构》，中国轻工业出版社2017年12月第1版，第238页。

# 分裂型：不能化解的心结

夏和甄，女，56岁。

每天早上，她要出去买菜，这样的一段路，对于她来说，是很难得的一个可以活动活动的机会，然后回到家，收拾菜，之后自己弄给自己吃，因为没有人会吃她弄过的菜。

她在下午休息的时间比较长，一般都在昏睡。醒来的时间里，却显得很忙的样子，总是把她的小房间里几十年来积攒的那些东西收拾来收拾去。其余的时间则是躺在床上看电视。

她的孩子们无数次对她说，"你晚上出去散散步，跳跳坝坝舞吧"。她以前是这么做的，但是，自从她老公去世以后，她把她所有的行李从自己家搬到大女儿的这套房子之后，她就再也不愿意出门了。

其实，准确地说，在几年以前，她老公罹患了肾衰竭之后的一段时间开始，她就没有了晚上出去活动的习惯了，她有一些在儿女们看来非常莫名其妙的理论，她说："别人会说，你看，你老公都要死了，你还出来浪。"有时候她又说："别人会说，你老公都生病了，你出来跳舞，是巴不得他早点死吧。"

儿女们对她的内心活动都很熟悉，知道这些都是她臆想出来的，没有人真正会这样对她说。儿女们还是很关心她的，知道父亲的病只是在拖时间，希望她不要去管父亲的病，把她自己的生活过好，儿女们就很开心了。

她老公去世之后，她就彻底地把自己封闭起来了。这么说，好像她和她老公有很深的感情似的，其实不是的。

在她的头脑里，有很多非常奇怪的想法，都是一些别人会对她不利的想法，她觉得，她老公得了肾衰竭，是一件容易被别人看成笑话一样的事情，她老公去世了，别人就更容易欺负她。因为这样的缘故，所以她把自己封闭起来，再也不愿意出去面对人群。

虽然在这之前，她和外面的人的交往也是存在诸多障碍的，但还不至于完全没有这方面的兴致。从她老公生病到去世，在这个时间段，很明显地，她彻底地把自己和人群隔离了。

她老公去世以后，她就搬到大女儿家里去了，原因之一，她根本无法住在她老公去世前住过的房子里，原因之二，她无法一个人生活，身边必须有人陪伴着，她才能正常地呼吸，否则她会陷入巨大的恐慌之中。

从她的内心来说，她对人是缺乏真实的感情的。虽然她身边的人在过去的岁月中，在生活上都极端地依赖她，她承担了几乎全部的家务，她照顾着一家人的所有生活。老公和孩子们也曾经把这些看成是她爱他们的表现，但是，深入到她的内心之后，不得不承认，她对他们在生活琐事上的付出，仅仅是一种神经症性的需要。

她常常在儿女们面前反复述说自己对儿女们的付出，让儿女们产生对她的很沉重的愧疚，然后她对儿女们的诸多关于婚姻和择业的事情进行控制。儿女们为了表达对她的孝顺，也很配合她的控制，而且把这些看作是孝顺妈妈和回报妈妈。

她在付出的时候总是有诸多抱怨和不满，尤其是对她老公，她没有一天不辱骂和耻笑他。她老公是那种逆来顺受的性格，大多数时候也只有听着她的辱骂，有时候实在气不过就酗酒解闷，他常常在半夜三更喝闷酒。

所以，当她老公生病之后，她由于惯有的牵连思维，对于她老公生病这件事情产生了很多的惧怕。奇怪的是，她不是惧怕她老公的身体，她老公可能会离开，而是惧怕别人对这件事情的看法。因此她整天躺在床上，进入一种强迫性的思维之中不能自拔。在这样的强迫性思维之中度过了大约两年多，她老公去世了。

在她老公住院的两年多时间里，她很少去医院，几乎全部是大女儿和二女儿把照顾父亲的事情扛了下来。

尽管这样，她还是终于承受不住那样痛苦的强迫性思维，而在心里希望她老公可以尽快去世。为此她还去找过会通灵的"药妈"，算出她老公大约什么时候会去世，而她也以为那个时间就是她能够解脱的时间。

但是，当她老公真的去世了的时候，她又陷入另外一种惶恐之中，她无法区分先前去请通灵的人来计算老公去世的时间以及自己期盼老公早点死去的念头和事实上的行为之间的区别，她会觉得她的"邪恶"念头都可能导致老公早一点去世，所以她机械的超我怎么可能轻易地放过她自己？她遁入了无边际的自我折磨之中。她认为老公一定会来报复她，即便老公去世后她马上就搬到了大女儿的住处，她依然吓得再也不敢在晚上出门。

她一直是一个有着夜晚恐惧症的人，在她老公去世之后，这一切就达到了一个鼎盛的状态。也是因为知道她的这种个性，所以孩子们不会让她一个人居住。

尽管这样，每天她都会对大女儿说，晚上早点回来。因为知道她害怕，大女儿一般都是在天黑之后不久就回到家，有时候加班的话，妈妈的电话一定会打过来："你怎么还没有到家啊？"大女儿很是无奈，一年之中，只能出去玩两三次麻将，有时候和朋友聚会，都搞得匆匆忙忙，心慌慌的。

她不敢给大女婿和大孙子打电话，他们没有她大女儿脾气好。

她有时候也会提到感觉到老公在她的房间，她不经意抬起头来的时候，恍然一看，仿佛门那边有一个人。当然她仔细一看，也知道那里其实一个人也没有。

在她住的那间卧室，她几乎每天都在偷偷地烧香，把大女儿窗台上栽花的那些花盆里，都插满了香的扦子。她所做的这些事情从来不讲给大女儿听，只是女儿偶尔进妈妈的房间，在清理那些花盆的时候，看见自己曾经栽种的、活得好好的花，都被母亲的香扦子插死了，女儿心中感到了痛，两种的痛。

她再也不敢在晚上出门了。除非有人陪着她。

后来她搬到 A 市和小儿子一起住，A 市的这套房子是个电梯公寓，而且他们那一层就住着他们一家人，楼道很长很黑，当发出声音的时候，灯就会亮。

总的说来，没有一般住房的那种楼道通透敞亮，她的脚又不太方便，虽然住在四楼，上下楼她也总爱坐电梯，下了电梯，又是一个比较大的黑暗空间，也需要发出声音，才会有灯亮起，灯经常还会坏掉。这严重地限制了她想要走出去的愿望，除了早上出门之外，一天的其他时间，她都一个人待在家里。

她喜欢唠叨，所以时常给大女儿打电话，说："我伺候了我妈妈几年，我妈妈才去世的，我对我妈妈的死一点都不害怕，我还没怎么伺候你爸爸，不晓得我怎么这么害怕他……"

大女儿安抚她说："我爸爸是那么一个宽厚的人，你和他生活了一辈子，你还不了解他吗？你总是骂他没脾气，不长记性，随便哪个收拾他，转个背，他就忘记了，何况你是他的妻子。不论你曾经怎么希望他去世，甚至为此做过什么事情，他也知道你的精神状况和性格，不会和你计较的，更不会来报复你的。"

说完这句话，大女儿心里就明白，妈妈哪里是在揣摩爸爸会怎么"报复"她？爸爸根本不是那样的人，爸爸是大女儿见过的这个世界上最没心眼的、最善良的人。妈妈完全是因为对去世前的爸爸不管不问，而且自己产生了某些见不得人的念头，甚至去企求"药妈"算出爸爸去世的时间，好让自己有一个解脱的日期，也许还不排除妈妈当时可能是烧香企求过爸爸早登极乐，不要再继续这么折磨她；但她又意识到这样的念头不善良，所以在爸爸去世以后，她把报复自己的念头投射给了死去的亲人，认为对方一定不会放过自己……

大女儿知道，要解决妈妈对爸爸的恐惧，必须要让妈妈的内心和死去的爸爸和解。大女儿要让她相信，爸爸的一生都不曾和任何人计较，爸爸愿意包容和原谅她对他的一切念头和做法。爸爸是爱她的，爸爸如果地下有灵，也是希望她可以好好地活下去的。

然而，她是一个特殊的女人，她不能信任任何人，任何人的言语都很难真正地进入她的内心。就算是她的儿女，她在这个人世间还算是真正依恋着的人，他们的话她都是难以听进去的。

所以，很明显的，她依然生活在恐惧之中。

一整个下午，她都在昏睡之中，要睡到下午4点或者5点多才会醒来，弄好自己的晚饭，吃完之后，又上床去躺着看电视。大约晚上9点多10点睡觉，但是，也是因为害怕，即便已经睡着了，电视还大声地开着。

不论是下午还是晚上，她入睡之后，都会一扯一扯地发出非常严重的鼾声，以至于孩子们经常会感觉到她睡眠中的呼吸是一种具有危险性的行为。

儿子的这套房子在四楼，对着小区的中庭，有着非常美丽的绿化带和各种花木，很多老人和小孩就在中庭的大面积的花园一般的小径上活动，或者坐在木制的板凳上舒适地晒晒太阳，或者互相聊聊天。

儿子很希望自己的妈妈可以走出去，和她的同龄人一起说说话、聊聊天，身心或许可以健康一些，或者在晚上可以和她们跳跳舞，大女儿也希望她能够身心健康地活着。尤其是妈妈这几年身体机能衰退得非常厉害，"三高"症状在爸爸去世之后都出现了。

……

仔细回顾她的这一生，她没有一个朋友。由于她的特殊经历，在"上山下乡"的时候，有一个很铁的姐们儿；在读高中的时候，有一个还过得去的同桌。但是，在她心目中，这些朋友都是拿来利用的，她们得关心她，来看她的时候手上得提着东西，甚至塞给她一笔钱，谁塞得多，她就更喜欢谁。所以，这几十年来，她其实是没有一个朋友的。

她一直在搬家，从年轻时候开始，就一直在转换地方生活，每到一个地方，过不了多久她就会把领导或者邻居关系弄僵，她总是觉得别人在针对她。

她的婆婆也是一个脾气极好的女人，可是她和婆婆之间时常要闹矛盾，然后她经常把婆婆撵跑。有一次她去买菜，看见婆婆和楼下的邻居在聊天，婆婆看见她来了，起身就离开了，她回家之后，越想越不对。从此，每当她经过楼下，看见那个和婆婆聊过天的女人和别的女人在一起扎堆，她就感觉她们在议论自己家里闹矛盾的事情，议论自己对婆婆不孝顺。后来她实在受不了这种感觉，就去找领导闹，然后领导重新给她分配了一套房子，她搬走了。

她新搬的地方其实还不如原来的套房，因为新搬的地方是平房，但是只有两家人，另外那家人时常不在那里住，所以就相当于单家独院，这正符合她的心意。所以她在那套房子里住了很多年，直到后来拆迁才离开。

她有一段时间热衷于跳坝坝舞，但是她只想当老师，对其他人指手画脚的；她不喜欢被人当成学生，来跟着别人学习。

那个时候，她出门总是要画一下眉毛，每次她都把自己的眉毛画得比较浓，而且还有点奇特，完全不适合她已经快50岁的年龄。孩子们都给她提出过自己的意见，但是她似乎天生具有屏蔽别人的话语的能力，或者说她并不关心别人怎么看待自己，依然还是那样画。所以这其实很矛盾，画眉毛是为了好看，是为了让别人看到自己美好的一面，但是当有人反馈那样并不好看的时候，她是怎么可以做到不去管别人的眼光的呢？

有时候，她完全活在别人的眼光里；有时候，她完全无视别人的眼光，她在这两极之间分裂。

她有好几个哥哥姐姐，但是她对他们毫无感情，她如果要和他们亲近的话，那只有一个前提，就是他们给她钱的时候。她会拿一些自己不想要的东西作为礼物去送给哥哥姐姐，然后从哥哥姐姐那里换回来一些钱。尽管这样，她心中还是充斥着对哥哥姐姐的恨意，因为他们在她最困难的时候没有想办法帮助她，而她不会去想，在她最困难的时候，她的哥哥姐姐的条件也不行。

## 对分裂型人格障碍的解读与调适

（1）

20世纪40年代的一个晚上，一个26岁的男青年溜进一个两岁多的幼女的房间，抱走了这个小女孩。原本旁边是有个奶妈的，但是这个奶妈去厨房做事了，所以这个男青年抓住了这个机会……

他等这一天已经很久了，每当看见三姨太的肚子隆起，他就会试图去做点什么。当然，每一次都是借酒醉的时机，最离谱的时候会去踹三姨太的肚子，有一次甚至拿出手枪在怀孕的三姨太面前比画。当然，三姨太也就如他所愿顺利流产了。

他是二姨太生的最大的儿子，也是父亲最宠爱的长子夏大楷，他在高中毕业以后，顺利地进入当地政府做了一名官员，他在这个大家庭里的地位无人能及。所以他可以做出许多匪夷所思的事情来而不顾及会有什么严重的后果。

夏五爷的第一任妻子是一个没有生育能力的女人，而且一直是病恹恹的，所以夏五爷才娶了第二任太太。第二任太太嫁过来之后，很顺利地就生下了他这个眉清目秀、聪慧能干的长子。但是，很奇怪的是，从他出生以后，他妈妈沈夫人却无法怀孕了，这让这个城市里的首富兼横跨商界政界的风云人物夏五爷觉得不能接受。刚好在某一年，正房夫人去世了，于是夏五爷娶了三姨太。

从此，二姨太和三姨太的战争一直持续不断，战争的主题是谁才是正房。因为按照当地的习俗，夏五爷娶三姨太是来填房的，那么三姨太就应该是正房。但是，二姨太坚定地认为是自己先来到夏家的，自己理所应当接替死去的大夫人成为正房。两个太太为了这个事情争执不断，明争暗斗，做出许多暗地里彼此伤害的事情来。

三姨太自从嫁入夏家，很顺利地每隔一年多就要大起肚子一次。这让二姨太感到自己在这个家庭里的地位岌岌可危。二姨太总体来说还算是一个性格温和的女人，但是，夏家有如此大的一份家产，老公又是如此优秀的一个男人，两个女人怎么可能停息彼此之间的竞争呢？这场竞争还把双方的孩子都牵扯进来了。

夏大楷每次看见三姨太怀孕，就要想方设法地找碴，三姨太的孩子有些是生下来不久就莫名地死去，有些则在长到几岁的时候死去，最后存活下来的，就是老四、老六、老七、老八、老九、老十以及后来的第十三和第十四个孩子。

夏大楷抱走的这个小女儿，是三姨太的第十三个孩子。他把她抱着，小女孩还在熟睡，并不知道这个同父异母的哥哥准备把自己丢到长江里去。虽然都是在一个屋檐下，但是十三妹知道家里有一个很可怕的哥哥，一旦酗酒后就什么人都不认，总是欺负自己和自己的哥哥姐姐。

夏大楷已经把这个小女孩抱到了长江边上了，一阵冷风吹醒了十三妹。十三妹一看自己正被大楷抱着，然后旁边又是滚滚呼啸着的长江水，十三妹吓得小便失禁，然后拼命地挣扎起来。

一阵冷风可能也把大楷的酒意吹醒了不少，之前在看着怀里的小女孩的时候，他已经有了一些不一样的体验。这个女孩是夏家的孩子，和他身上同样流着夏家的血脉。而且，小女孩也是如同他一样的眉清目秀，他们都有着如同父亲那样弯弯的柳叶眉，虽然他的很浓，女孩的很细，但是那个弯的弧度和形状，是那样相似。女孩睁开眼睛的那一刹那，那黝黑的眸子里透露出的纯真，一时间击中了大楷，虽然随后就是女孩惊恐的眼神，但是大楷从这惊恐的眼神里读出了一些什么，他被这个眼神震慑住了……

就在大楷犹豫的当下，女孩使劲地挣脱了大楷，往家的方向跑。这个时候，奶妈和妈妈都找到长江边上来了……

三姨太不敢再把十三妹接回自己的家中，就去找到好友曾氏说：看看幺姑在你这里待得习惯不，晚上哭不哭？如果待得习惯，就让她在你这里生活几年；如果不习惯的话，我再来把她接回去。

曾太太是三姨太麻将桌上的好朋友，曾氏一直没有生育，嫁给曾先生以后，就和曾先生前妻的几个孩子生活在一起。所以，面对这个突如其来的女儿，曾氏很开心地接收了。

很奇怪，十三妹来到曾家以后，晚上并没有哭闹。于是，十三妹成了曾家的孩子，家里也有一些哥哥姐姐。

曾太太是一个脾气非常温和的女人，对待十三妹非常温柔，家里的几个哥哥姐姐对待十三妹也没有像夏家那样变态的行为。两相比较之下，十三妹觉得这里反而要好些，但是，那些完全没有一点血缘关系的哥哥姐姐，十三妹和他们相处也会有隔着一层纱的感觉。

六岁半的时候，三姨太来跟曾太太要孩子，理由是十三妹该上小学了，而且，曾太太还有一个不好的习惯，要抽大烟，三姨太怕这个影响到自己的女儿。曾太太和三姨太理论了一番，发现自己说不过三姨太，最终就放弃了。

十三妹跟着妈妈回到了自己的家，开始了上小学的生活。每天放学回家，十三妹要参与到两个太太的战争中去，两个太太有时候会在家里四合院的天井里吵架，十三妹也会跟着妈妈一起骂沈氏。三姨太原本只是一个很单纯的女人，但是嫁进夏家以后，在这种和别的女人分享自己老公的畸形关系之中，她变成了一头母老虎，一头随时准备吃掉对方的母老虎。十三妹体恤妈妈的情感，也跟着妈妈变成一头小老虎了。

夏五爷是一个脾气性格非常好的人，两个太太吵架，他从来都只是躲进自己的房子里去，大部分的时间他也不在家里，即便在家里，他也不想参与进去。

有一次沈氏在快洗好的一缸衣服里，发现有尿渍，后来证实是十三妹倒进去的，大楷随后就去十三妹的学校里告状了，十三妹被罚写检讨。但是这没有什么用，因为随后十三妹就学乖了，知道要如何收拾沈氏而不会暴露出来……

除了小儿子，三姨太这个时候身边只有两个女儿，就是十三妹和她的十姐，十姐上面的那些孩子，四姐已经嫁到东北去了，六姐和七姐十多岁的时候就去参军了，八哥和九哥都在读大学。

在这两个女儿中，三姨太很明显地表现出对十三妹的偏爱，虽然是六岁半才把这孩子接回来，但是这孩子似乎特别的乖巧伶俐，懂得如何去讨妈妈的欢心。这让三姨太很是得意自己坚持去曾太太那里要回了这个孩子。

三姨太其实是一个对孩子没有什么耐心的妈妈，自己生的十多个孩子，都是生下来不久，就把孩子交给奶妈带，每个孩子有一个奶妈，孩子们都是跟着不同的奶妈长大的，而她自己忙着社交以及和一些官太太打麻将。所以之前的那些孩子，对她都没有很深的感情，而且出于对这个家庭里的一些东西的反感，孩子们在有机会的时候，都离开这个大家庭远走高飞了。唯一留在身边的就是十女儿，可是这个十女儿，对待这个妈妈的态度通常都是敌对的和叛逆的。唯独这个从曾太太那里要回来的孩子，对待三姨太的态度却是完全不同的，她会去帮妈妈和沈氏吵架，会帮妈妈做力所能及的家务，每当妈妈玩麻将累了回家以后，她会立即去帮妈妈捶腰和按摩，因为妈妈生产过多，每次生完孩子，还没有好好地坐完月子，就忙着去玩麻将，所以落下了个腰疼的毛病。这是一个聪明的女儿，她很敏感地知道妈妈需要什么，她总是能够按照妈妈的需要去做一些什么。

20世纪50年代初，在"三反""五反"的运动中，夏五爷的全部家产被没收，锒铛入狱。两个夫人迅速分开居住，没有多久，沉重的经济压力就落在了三姨太的身上。三姨太被迫改变阔太太的生活方式，到当地的医药公司上班。她的工作是熬制中药膏剂，还常常加班，加班的业务她就带回家来做，十三妹做完作业，就会去帮妈妈熬药。

熬药这个过程里，还包括把一些没有粉碎掉的中药材放入一个木制的、如同小船一样形状的东西里碾碎，然后熬制。十三妹除了要帮妈妈做这些工作以外，还要帮着妈妈做其他家务，包括带弟弟和进厨房等事情。

而十女儿却总是贪玩，不喜欢帮着妈妈做那么多的事情，三姨太一看见十女儿玩耍，暴虐情绪就会立马升腾起来，就要拿那把长长的鸡翅木梳子打她，有时候甚至狂怒地拿出扫帚打她。但是十妹倔强地忍住自己的眼泪，绝不求饶地迎着妈妈的暴力，用她那独立的眼神鄙夷地看着妈妈的疯狂，她常常用眼神去瞪自己的妈妈，但是这依然阻止不了妈妈在情绪不好的时候对十妹的惩戒。

三姨太在旧社会过阔太太的日子习惯了，自己的孩子都从来没有带过，都是奶妈带大的，孩子们和她本来就不亲近，哪里来的爱呢？但是现在，她一个人每天要去上繁重的班，回到家还有几个小小的孩子要抚养，巴不得有人能够替自己分担一点家务，而留在家里最大的这个女儿，习惯于看着她忙碌，自己照耍不误，她当然要打她了。

其实，才从曾太太那里回来的十三妹，就曾经看到过妈妈打十姐，那个时候十姐还小，常常有一阵阵凄厉的尖叫声传到十三妹的耳朵里，十三妹感觉到自己已经在战栗。这个妈妈对于十三妹其实是很陌生的，本来在曾妈妈那里生活得好好的，不知道这个妈妈为什么突然要来把自己接回去，孩子只能被安排，没有人会在她被安排的时候给她知情同意书。

面对一个陌生的、暴戾的妈妈，十三妹成了一个很乖的孩子，很小就懂得体恤妈妈，替妈妈分担那怎么做也做不完的家务。

很小的时候，这个孩子的日记里就有了这样一段话：我的心里总是充满了难以描述的悲戚，仿佛我在一个荒岛，周围虽然也是有人的，但是，就在这个荒岛里，没有人可以进入我的心，那颗心里没有绿洲，其实也是一个荒岛……

（2）

看完夏和甄的成长经历，我心中很是感慨。

夏和甄大约是在两三岁的时候，被自己的同父异母的大哥抱到长江边上，准备丢到江里去淹死。这样一个经历可以导致一个人的偏执性格，就是感觉到总是有人要迫害自己，这不是幻觉，不是妄想，这是有真实的事实、一个基础性的东西在那里，为她后来的精神结构垫底的。

这个孩子为什么会去曾太太家里生活了那么两三年的时间，这其实是一个谜，如果说是害怕夏大楷继续迫害自己的女儿，那十妹就不怕这个危险了吗？十妹虽然比十三妹大几岁，更懂得保护自己，但是，这也不是一定要把十三妹送出去的理由吧！这里显然有一个东西是要发掘的，那就是妈妈的功能性缺失。

三姨太生下来十多个孩子，都是一出生就抱给保姆或奶妈去抚养，妈妈即便在坐月子，也要去玩麻将。所以，夏和甄第一次被抱养的原因，究竟是她道听途说来的，或者是亲生妈妈加工之后的，还是真实的，根本就是不知道。但这个不重要，重要的事实是，在她很小的时候是一个被自己的妈妈遗弃过的孩子，在养父母家待到上小学的年龄，妈妈又执意要把她从养父母那里要回来。在这个事实里，这个孩子实际上遭到了第二次遗弃，就是被迫离开已经建立起关系和感情的养父母。

无论多么小的孩子，对于自己为什么被遗弃，在内心里都是有一个解释的。但是，这个解释里，她不会去思考这是妈妈的问题，因为妈妈是她的心理和生理能够生长的一个环境，如果环境是坏的，那么这个孩子就会失去希望，孩子的世界就会坍塌。所以孩子只能去想，是因为自己是不可爱的，没有价值的，所以才会被妈妈和养父母遗弃，他们不要自己了。

这样的解释给了孩子一个希望，如果我不断地帮妈妈做事，不断来讨妈妈的欢心，那妈妈就应该会喜欢我，不会再抛弃我了。

她果真就这样去做了，她果真也得到了在妈妈那里存在的安全性，妈妈更喜欢她，而不是她的姐姐。

按照温尼科特的说法，她的真性自我已经死去，活着的只是为了赢得别人的关注，然后在关系里才能存活下来的一具躯体，一具承载着假性自我的躯体。

所以，她的人生不再自由，她的心灵从此不再属于自己，她只考虑要如何去占据着别人心目中的位置，然后不把自己遗弃。

当妈妈年老生了重病，并瘫痪之后的 5 年里，一直都是夏和甄在艰难地照顾着妈妈。那时，她已经有了自己的工作和年幼的孩子，但她依然非常艰苦地服侍了妈妈 5 年，直到妈妈去世。妈妈很胖，她一个人帮妈妈翻身都很困难，妈妈瘫痪在床，屎尿都在床上解，这么沉重的照顾妈妈的担子，留给夏和甄一个人来挑，别的兄弟姊妹都跑得远远的，因为他们和自己的妈妈缺乏感情连接。

按理，夏和甄在心底有可能对妈妈爱恨交织，她为什么要对妈妈这么好呢？

曾经被抛弃过的孩子，她最大的心愿就是可以安全地留在一段关系之中。为了这个目标，她会牺牲自己的真实心愿，只为了满足那个对她很重要的人的心愿，只为了能够在那个人的眼里重新看到自己。

可惜，妈妈还是看不到她，妈妈那个时候因为丈夫的离开，家道中落，经济困窘，工作劳累，只希望这个幼小的孩子可以帮助自己分担一些事务。这个重新接回来的孩子是那么的乖，乖到她可以很省心地不去"看"她的需要。

夏和甄在 16 岁的时候罹患了严重的抑郁症并且伴发了部分的精神病性障碍。结婚以后，在"文化大革命"那个阶段，因为家庭发生的一些变故，同样的精神疾病再次爆发，"文化大革命"结束以后，她的抑郁症和精神病性障碍消失。但是，人格上的分裂状态却一直伴随着她。

这些，她自己不知道，老公不知道，孩子们也不知道，大家只是觉得这个亲人很奇怪，很多行为都不正常。他们都以为是她在"文化大革命"中受到刺激过多导致的。

分裂型人格障碍应该算是所有的人格障碍里最严重的一种了，只有这一种人格障碍和精神分裂症的相关性是最高的，它甚至在某些时候被看作精神分裂症发作的前兆，或者是精神分裂症未发作时候的一种隐性的表现。

它和精神分裂症的区别大部分在于分裂型人格障碍没有明显的幻觉和妄想，当然社会功能还能够在一定范围内正常发挥。

分裂型人格障碍的基本特征是一种社交和人际关系缺陷的普遍模式，表现为对亲密关系感到强烈的不舒服和建立亲密关系的能力减弱，且有认知或感知的扭曲和古怪行为。始于成年早期，存在于各种背景下，表现为下列症状中的 5 项（或更多）：

①牵连观念（不包括关系妄想）。

②影响行为的古怪信念，或魔幻思维及与亚文化常模不一致（例如，迷信、相信千里眼、心灵感应或"第六感"；儿童或青少年可表现为怪异的幻想或先占观念）。

③不寻常的知觉体验，包括躯体错觉。

④古怪的思维和言语（例如，含糊的、赘述的、隐喻的、过分渲染的或刻板的）。

⑤猜疑或偏执观念。

⑥不恰当的或受限制的情感。

⑦古怪的、反常的或特别的行为或外表。

⑧除了一级亲属外，缺少亲密或知心的朋友。

⑨过度的社交焦虑，并不随着熟悉程度而减弱，且与偏执性的害怕有关，而不是对自己的负性判断。<sup>①</sup>

在分裂型人格障碍的诊断标准上有 9 条，在这 9 条的背后，其实隐含的是一个人对这个世界的恐惧、敌意和回避。

夏和甄遇到很多事情都不会向丈夫或者孩子求助，这让孩子们觉得她很独立，但是到她老年的时候，她完全无法照顾好自己的生活，她后来还罹患了脑萎缩，连一个老人手机的打电话和接电话的最简单的功能都学不会。但是，她依然要坚持自己一个人去做很多事情，这其实反映的是她内心对于求助这件事情的羞耻以及内在客体可能不会愿意帮助她的一个固定的图式。

她唯一会开口的就是到了晚上，家里没有人的时候，她一个人就会害怕，才会给孩子打电话，让他们早点回来。这是一种自体虚弱的表现，因为早期的客体都充满了迫害性的色彩，所以一个幼小的孩子在这个世界上会感觉到极大的不安全感，感觉一些"神秘"的力量会来摧毁自己，所以她其实是生活在早期那种不安全的阶段的。

她极端地自负，觉得什么事情靠自己都可以搞定，不需要求助别人。同时她又极端地自卑，总是觉得别人在说自己的坏话。

这些都是她分裂的点，还有一个点是，她在家庭生活中完全不在意家里的人会怎么去想她的言行，她的言行里随时都有贬低、讥讽、嘲笑老公和孩子的地方，她让他们精神上都很痛苦，她又通过不断地帮他们做事来抵消这些恨的感觉。但是她在做事的时候充满了抱怨，抱怨没有一个人来帮助她，当真的有人来帮助她的时候，她又嫌弃别人做的不是她想象中的样子，她又要把人撵跑。

---

①美国精神医学学会编著，（美）张道龙等译：《精神障碍诊断与统计手册（第五版）》（DSM-5），北京大学出版社2016年3月版。

她做每一件事的时候，在内心都有一个假想观众，她总是会去想那个人在看着她做事，会怎么评判她做事，这些评判多半是负面的，和她在年幼时候帮妈妈做事，妈妈总是催促她，总是对她做的事情不满意的声音几乎一致。

有时候情况又会得到一个逆转，她会想象有一个人在充满关注地看着自己做了一件成功的事情，或者自己穿着打扮漂亮的时候，也会有这么一个充满温情的人在看着自己。

她的穿着打扮时常是很奇特的，要么会比较暴露，要么又把自己捆绑成一个粽子。她画眉毛的奇特方式，似乎也是为了吸引别人的关注。

（3）

分裂型人格障碍病人很难自我调适，这是因为他们完全生活在恐惧和防御之中，使用大量很原始的防御机制来生活，他们和世界似乎是隔离的。但是，这并不意味着他们完全不可调适。

一些杰出的艺术家和名人，其实就是分裂型人格障碍病人。可见，人在分裂状态下，反而可能会具有一些非凡的创造性。

如果他们和人打交道实在是太累，干吗一定要让他们和人打交道呢？尊重他们的内在现实，有时候也是尊重这个心理疾病本身的存在。

当然，如果有一些自我调适的方法，能够让他们达到一定程度上的安心，也是可以采纳的。

第一，增强内在的自我价值感。生而为人就是最大的价值。如果说在我们成长的过程中没有充分地获得这个部分，那么在我们长大以后，我们要学着自己给予自己这个部分。学会肯定自己，看到自己这一路走来的不容易，看看自己经历的那些丧失，感谢自己虽然经历了那么多，但是到今天还好好地活着。就这个事实本身，已经是一项了不起的成就了。

第二，尊重自己的感受。你不必过分地去讨好别人，因为这会让你内在的委屈感倍增。在你有了太多委屈感的时候，迟早会对你讨好的人爆发。既然迟早都要爆发去惹恼他，不如平时就多关注一下自己的需要。

第三，不论什么样的人格障碍，其实内心都有想和人建立关系的需要。只是因为过往的关系模式太糟糕，他们内在很害怕人，所以才采取躲避或者随时都准备攻击他人的一些防御措施。如果周围的人可以看到这一点，多给予一些支持和鼓励，他们还是有从壳里走出来的勇气的。

# 分裂样：我值得被爱吗？

盛春早，男，34 岁，大学本科毕业，图书管理员。

他大学的专业是图书管理学，毕业后就在这个图书馆工作，他曾经有过几次机会可以被提拔，但是因为他古怪的、不怎么和人交流的性格，使得他错过了那几次被提拔的机会，而一直从事着最基层的图书管理员的工作。

他曾经有过几段短暂恋爱的经历，但是最终都因为他无法解读出女友的一些隐讳信息而遭到对方的疏远，所以，一直到 34 岁，他依然是孑然一身。虽然和父母住在一起，但是他时常觉得自己的内心非常孤独。

他在个人卫生上似乎也缺乏一定的打理，尤其是在夏天的时候，如果有人靠近他，会闻到一股比较明显的味道。随着咨询的进行，他开始一段新的恋情之后，这个现象有所好转。

他来咨询的原因是因为他很想保住这一段恋爱关系，但是他发现自己在恋爱中依然很笨拙。他在面对她的时候常常说不出什么有趣的话语，他只能跟随对方的话题来回应，而且回应也显得无趣、呆板和机械。

他常常在离开她以后，去仔细地思索自己曾经说过的话，会不会让她不再喜欢自己了。比如有一次，他们一起去打乒乓球回来，他表示觉得女友的这副乒乓球拍很不错，女友说："你要是喜欢我的这副乒乓球拍的话，我就送给你好了。"那个时候，他们才开始恋爱不久，他觉得要她的东西很不好意思，就说："算了，我回去自己买一副。"

就因为这句话，他竟然一个晚上失眠了。他陷入了沉重的自责之中，他觉得女友是好意，自己辜负了女友的好意，自己的自尊心很脆弱，怕要女友的东西会让她觉得自己爱贪小便宜，怕在女友心中留下不好的印象，所以就没有看到女友的善意，拒绝了女友的好意；女友会不会认为自己虚情假意，明明的确是喜欢那副乒乓球拍的，但是却拒绝了她。

当然，上面的这段话是在咨询的过程中，咨询师和春早一起回顾之后的一个更准确的描述，而在这之前，他对这个事件的感知是模糊而大概的。随着咨询的进行，咨询师把他内心的感受进行了提炼，再反馈给他而得出了这些更为细腻的感受。下同。

他在失眠的那个晚上，对于他们的关系充满了担忧。在他的幻想世界里，女友可以清楚地洞悉和知晓他的念头，然后会讨厌他，抛弃他。他无可逃遁，只能被动地等待女友的宣判和惩罚。

当然，他在和女友的对话中，还是能够识别出女友的好意以及他自己在潜意识之中害怕接受对方的好意的一种担忧。那种好意里面似乎带着一种吞没，他回想起来，在面对类似的事情时自己都有一些这样过激的反应。

还有，他对自己的一句话，对女友好意的一个拒绝，这样很普通的事件上所体验到的巨大的内疚和自责，常常会使他怀疑在那个感受之下，会不会有更深沉的对对方潜隐了的攻击性。

第二天他给女友发微信消息，女友很长时间都没有回复他，他那一天在图书馆里没有办法做任何事情，心慌得一直在一张纸上胡乱涂写。下班的时候，他发现自己竟然涂写完了整整一个本子。

下班后他慢慢地走到女友的单位，他希望看到女友，但是又怕看到女友。突然，女友出现在单位的门口，他刚想扭头躲避，女友就叫他的名字，说："我今天手机没电了，忘记带充电器，你有没有给我发信息啊……"

他们一起去吃晚饭，女友对待他的态度毫无改变。

女友其实有很多不好的习惯，比如高消费、贪慕虚荣、不懂节约，身体还罹患了一种慢性疾病。但是，他认为这些都无所谓，经过了那么长时间的孤独，他只想有一个人来陪伴自己，自己在这段关系里能够"存活"下来就可以了。

但是，在关系中的忍耐，对他来说也是一门很不容易的功课，他默默地为女友的高消费买单，花光自己每个月的工资，还要跟父母要钱。好在父母知道他谈女朋友不容易，从他工作以来依然持续给他经济上的补贴。

他每次去跟父母要钱的时候，心中还是有一股很强烈的对女友的怨气，凭什么都该我为你付出，你自己的工资却拿去存起来？什么都要我帮你买……

但是，他在下一次和她在一起的时候，还是会自觉买单。

有一次他们一起去国外旅游，其中某一天的行程是他安排的，然而临到出发的时候，他发现他预订好的交通工具不行，这个时候他急得抓耳挠腮。他撇下女友和她的两个朋友，走到旁边的走廊上快速地走过去走过来，那种不加掩饰的紧张和焦虑，让他的女友和朋友们都惊呆了。

在咨询中他说道："那时我觉得自己仿佛犯下了弥天大错，不知道会得到什么样的惩罚。"

咨询师问他那么着急的原因是什么，他说是自己没有考虑周到；咨询师问他没有考虑周到的最坏结果是什么，他说他知道没有什么，这种交通工具不行了，换一种就可以了，或者直接返回旅馆，再重新设计线路。

后来讨论的结果是：那时使他的情绪濒临崩溃的最根本原因是怕丢脸。

后来女友和她的家人说了他们俩的恋爱关系，双方父母都见面吃饭了，这一段感情似乎算是得到了双方家长的同意。

但是，他内心一直有一个声音告诉他，那个女孩是迫于父母的压力才和他交往的。因为女孩的父母意识到他工作很稳定，收入还可以，又是一个典型的"妻管严"式的男孩，女友的父母和他接触之后表示还蛮喜欢他的。

他有很多这个方面的幻想，而这些幻想统统指向他是一个不会被女友真正喜欢的类型的男孩的自体意象。

这种自体意象发展到一定时候，就衍生出了新的片段。

某次他们约好周末一起去凤凰湖玩，但是女友在周五晚上打电话来说第二天她要加班，他非常固执地认为女友其实是答应了他们单位里另外一个男同事的约会，因为他在前几天偶然间发现了那个男同事在微信上问女友周末怎么安排。当他看到那句话的时候，可以说是怒火中烧，虽然他知道那个男同事和女友是一个办公室的，而且两个人平时说话就很随意，但是，她和自己是恋人关系了，男同事再出现的话，他感觉自己随时处于危机之中。

在咨询里，他说："我根本不相信女友会真正喜欢我，她和我接触究竟是为了什么……"他没有说出的那句话是："我在她眼里，应该什么都不是，我怎么可能会吸引她呢？"

我能够感觉到他极低的自尊心水平在影响着他的判断。果然，他去女友的单位，女友是真的在加班，他在她单位门口看到了女友的车，他才放心地离开了。

女友有一次住院，他知道了，但是那时女友的手机又突然没有电了，他无法联系上女友，就一家一家医院去找，依然没有找到女友。后来女友的同事把充电器给女友送来，女友打电话给他，他才见到女友。女友见到他却是责怪，怪他不该那样傻，在大热天那样到处跑，他只需要等一段时间，她自然会给他电话的。

他心里觉得很委屈："我怎么知道要等多久，你的电话才能通？"但是，他不敢表达自己的委屈。

第二天，他在家里熬汤，熬了很久，熬好了，他给她提到医院去，女友却说："我得的这个病，是不能喝这种汤的，之前跟你说过的嘛……"

他后来回想起女友是在一次电话里跟别人说到她的病不能喝有这个食物的汤，但是并没有跟他说过，只是当时女友打电话的时候他在场。因为女友是在跟别人说，他隐约听到，所以就没往心里去……

他想替自己辩解，但是话几次到嘴边，都咽了下去。但是这份不舒服伴随着他，使得他在随后对女友的照顾中充满了情绪，女友当然看出来了，就叫他离开，女友的脸上满是愠色，他很惶恐地离开了。

这还得了？在和女友交往的短短的3个月里，不管在什么方面，他都是无条件地接纳女友，似乎他在关系中无限地卑微，卑微到了尘埃里，卑微到了只要你愿意留在我身边就好，其他的我都可以。虽然有时候心中有不满，但是总是因为害怕女友的离开而没有表达出来。

他跟咨询师说过："我一直觉得自己内在的感受是空的，只有我和我的女友待在一起的时候，这种空的感觉才会缓解许多，我不能失去她。但是我感觉如同我前面几段感情一样，我最终还是会失去她，我无法想象我如果失去她会怎么样……"

这次恋爱开始以后，如同前面几次恋爱一样，他一遇到对方的态度有所冷淡或者不明朗的时候，就会在家里哭泣，他在感情路上的坎坷和总是无疾而终，似乎在向他提示着一些什么，而这些东西使得他内在的那种空的感觉更强烈了。每当这种时候，他就会在家里哭上一个小时甚至几个小时，直到把他的父母哭得心都揪了起来。

每次他哭的时候，妈妈都会去安慰他，安慰完了就会开导他，但发现无论说什么开导的话他都不会接受的时候，妈妈就会教训他。他在一开始，都会很享受，但是，到妈妈教训他的那个环节的时候，他就会很难受。

咨询师此时和他讨论在家里哭泣的原因，讨论的结果是：情绪的宣泄占50%，希望得到妈妈的关注和安慰占50%。

咨询师问："你哭的时候妈妈会是一个什么感受，你知道吗？"他说不知道，然后马上又说，应该是不舒服的。但是他不想去考虑这个部分，说完，他又陷入巨大的内疚之中。

他说："妈妈说我就如同一个小孩子一样，得不到自己想要的东西的时候就会哭闹。"咨询师说："对啊，你哭泣的时候，你觉得你有多大？"他说："大约四五岁吧。"然后他马上开始揪自己的头发，表情非常痛苦，又开始不断地说："我完了，我完了。"陷入非常自责的状态，觉得自己无可救药了……

咨询师这个时候感受到了他非黑即白的两极思维，就是只要我有一点不好的地方，我就不算是一个人了，我就什么都不是。因为从他痛苦的表情里能够感受到他强烈的自我谴责和自我憎恨。

当咨询师把这个两极思维呈现给他的时候，他说："是啊，我就是这样的一个人，一个一点也无法考虑到别人感受的人，别人是不会喜欢我的啊！"然后开始大骂起来。

骂完，咨询师和他讨论，最后他意识到自己并不想改变现在这种小孩子的人际互动模式，因为不想去动那么多脑筋，而且改变好痛苦。但是，不改变的话，别人又不会喜欢上他。而且，他很悲观的地方在于，他觉得自己根本无法改变。这就如同是他给自己设定的一个魔咒一样……他在这个魔咒面前，感到自己是那样的无能为力。

## 对分裂样人格障碍的解读与调适

（1）

分裂样人格障碍是一种脱离社交关系，在人际交往时情感表达受限的普遍模式，起始不晚于成年早期，存在于各种背景下，表现为下列症状中的4项（或更多）：

①既不渴望也不享受亲近的人际关系，包括成为家庭的一部分。

②几乎总是选择独自活动。

③对与他人发生性行为兴趣很少或不感兴趣。

④很少或几乎没有活动能够令其感到有乐趣。

⑤除了一级亲属外，缺少亲密的朋友或知己。

⑥对他人的赞扬或批评都显得无所谓。

⑦表现为情绪冷淡、疏离或情感平淡。[①]

在盛春早身上，我看到许多边缘型人格障碍的影子，比如他们都疯狂努力以避免被抛弃，时常空虚，自我身份同样紊乱以及情绪上容易失控，异常容易暴怒，努力吸引别人的注意力等。

但是，我还是倾向于这个个案是属于分裂样人格障碍。这只是一种感觉，

---

①美国精神医学学会编著，（美）张道龙等译：《精神障碍诊断与统计手册（第五版）》（DSM-5），北京大学出版社2016年3月版。

我感到我曾经打交道的那些边缘型人格障碍病人在和我交流的时候，对许多感受性的东西的描述比他清晰许多，而且他对于自我在人际关系中被摧毁和被抛弃的预估和过激反应，是一种弥散性的持续存在的力量。边缘型人格障碍病人，至少在某些时候还能够感觉到自己是被人爱着的，欣赏着的，而在春早的内心世界里，这样的时刻几乎没有，所以他比边缘型人格障碍病人的情况要重一些。

春早非常容易陷入自责和内疚的情感之中，这点让我很意外。我猜想，他是否是因为对别人都有防范、猜忌、不安，或者喜欢去猜测别人的意图，所以一旦发现别人不是那样的，他就会因为自己观念中的敌意而感到内疚或者自责。

不管和谁交往，他在交往以后都会站在别人的视角去审视自己的言行，有没有让人不舒服和不喜欢。但是，这种能够从别人的视角去审视自己的言行的能力是有限的，因为他"努力"的结果都是：别人会对他的言行表示不满和不喜欢。

也就是说，他给自己设定了一个必然的结果，就是自己无论说什么和做什么都是错的，都是不会讨人喜欢的。这导致他在面临人际困境的时候，无法解读出别人的真实信息，他已经生活在一个固定的"信息"之中了。

经过一段时间的治疗，他比过去好多了。以前我们的对话中，我说出一句话，或者问出一句话，他往往要沉默几分钟才能回复我，而且在沉默之前，他也不会说，"那你等我想一想"，他是突然间陷入沉默的，而且在沉默中，有时候会一直看着我，那个表情就是直勾勾地望着我，没有任何的转移。时间长了，我无法去回应他的眼神，只好把我的眼神移开或者低头。

现在我们的对话开始变得流畅起来，他可以很自如地和我对话，即便是他偶尔沉默，也不会显得很突兀。我也不知道这个转变背后，在他内心里经历了一些什么样的体验。

春早对人际交往中敏感信息的解读存在着很大的困难，比如，某天晚上女友在电话里问他要不要把他们的关系告诉自己的父母……这句问话其实显示了女友有进一步交往的意思，但是，春早却又陷入了恐慌之中，他害怕女友的父母在发现了他的真相之后会劝女儿离开自己。

我问他，"你的真相是什么？"他说了几句话，那意思是他是一个缺乏自我控制管理，情绪随时可能失控，甚至动用暴力解决自己问题的"恐怖分子"，他害怕他内在的这个部分。所以他投射出去，认为对方怎么可能接受这样的一个他呢？他现在的一切都更像是表演，努力地在女孩和她的家人面前呈现出自己正常的那个部分，但是，那种担心如影随形地伴随着他，就是如果有一天他们发现他原来是这样的一个人，他就完蛋了……

我默默地听着他的话，然后开始沉默。因为我并不打算现在去修正他的内在现实，那个内在现实是如此的根深蒂固，以至于他无法看到事实的真相，他沉浸在他的内在现实里，而失去了辨别真相的能力。

这个内在事实就是：没有人会喜欢我，我是一个让人讨厌的人。从这样一个潜意识里的核心信念推导出去，其他的怀疑就顺理成章了。

（2）

很多分裂样人格障碍病人都是超凡脱俗的艺术家，他们把自己的分裂气质很好地运用到了创作上，创作出了非凡的作品。

其实，分裂这种心理运作机制，在每个人身上都是或多或少地存在着的，比如我们会如何看待我们的本能与道德之间的冲突，我们内心的真实和这个世界的异化之间的冲突，我们在关系中是要做自己还是要做他人期待的那个样子之间的冲突……无数的冲突之后，我们的灵魂难免分裂，莫辨初衷。

所以，调适的第一步是接受自己的分裂，接受自己在面对复杂的情感状态时的一种无能为力，接受自己就是具有天真和纯真的人际交往模式和幻想。

第二步，在感觉到自己的不可爱和无价值的那个部分的时候，尽量避免让自己的思维掉到这个陷阱里去，虽然这是来自很原始的诅咒。但是，一旦自己可以拨开迷雾，看到自己身上还存在着人性的光辉，那么，安抚自己的力量就一定会出现。

比如，在春早身上，他对女友的超出一般人的关心和体贴，他去一家又一家的医院找那个女孩，为那个女孩送去自己做好的食物。还有因为那个女孩喜欢养多肉，所以他也去买了多肉来养，希望养好了送给她。

他并非他自己看到的那个一无是处的人，其实会有女孩喜欢上这样的男孩的。

第三步，把自己的心理疾病普同化。这一点在任何人格障碍病人身上都适用。他们因为自己的心理疾病，而觉得自己是一个怪物，甚至有想杀死自己的冲动。其实，他们就是我们人类中五颜六色的存在，分裂者要接受自己的行为虽然有让人费解的一部分，但是总体来说，他们更善良、更单纯、更本真，同样有吸引别人的魅力。

# 第二章

## 边缘型人格障碍

他打我时，我感到死亡威胁
我曾经想过一万次要和你离婚
走进边缘人的内心世界
边缘人有着怎样的妈妈和爸爸？
我到底想要怎样的感情？
讨厌任何规则和束缚的边缘人
边缘型人格障碍的内心戏
调适你的糟糕心境，有"八段锦"

# 他打我时，我感到死亡威胁

陈幼岚，女，30岁。

假期里，我去老公工作的城市和他团聚。

某天早上，原本是和他计划好中午一起去参加他同事孩子的满月宴，所以早上起床后，我就开始打扮自己。但是，我一个朋友不断地和我在微信上聊天，说一些我不想聊的内容，我告诉她我不想聊了，但是她却表示她很有兴趣知道。这个时候，我心情就已经有点烦躁了，老公又在那边催我，说"时间已经不早了，你快点"，又在我旁边走来走去，表现出很着急的样子。我那时就烦了，就对老公说，"我不去了，你自己去"。

老公中午饭吃完以后回来，就去另外一个同事家玩麻将，问我去不去，我说："我去做什么？我又不会玩麻将。"同时我很不开心："平时我们工作在两个城市，聚少离多，你为什么不在家陪下我，一定要出去玩呢？"老公解释说，之前是和同事约好了的，所以我就让他去了。老公走的时候说："晚上我给你打电话，你过来我们一起吃饭。"

到了晚上6点半，天都黑了，老公还没有给我打电话，然后我就给他打电话，问他是怎么回事儿，老公就说："你过来吧，你过来吃饭。"我说："你看都几点了，你觉得我会过来吗？"当时我就生气了，我想，你怎么玩得这么投入，把我完全遗忘了，都不管我。我在家里饿肚子等着你，所以我就说："我不来了，你回来吧。"

然后，过了半个小时，7点多了，他还没有回来。因为他玩麻将的地方离家不是很远，所以我又给他打电话，问他是怎么回事儿，他说他还在打麻将，马上就结束了。

过了一会儿，他就回来了，那个时候我正在气头上，他敲门我也不开，他给我打电话我也不接，他没有带家里钥匙，我就假装我不在家。然后，大约15分钟后，我开门，发现他不在门外，然后我给他打电话他不接，就这样持续了一个晚上，我妈妈给他打电话他也不接，也没有回家睡觉。

其实，他晚归这个事情还不是导致我情绪恶化的主要原因，主要还是我觉得他不愿意陪伴我，不珍惜我们好不容易在一起的时光。我觉得我在他心目中不重要，这点让我的自尊心受到了伤害。

而且，这一个下午，我在家里看书，他出去打麻将，他本来就是一个一事无成的男人，还成天这么不上进，感觉也很不好。

他明明知道我在家里，敲门没有人开门，他就走了，一个晚上不回来，这个事情就升级了。这不是我想要的，我希望他可以在门外等一下，等到我气消了，给他开门，然后，他进来哄哄我，这个事情就过去了，而他却让我的期望一再地落空。

第二天早上8点多，他回来了。

那个晚上，我心情很复杂，内心想了许多东西。早上，在他回来之前，我压抑住自己的情绪，对自己说，千万不要和他打架，我打不赢他。每次动手，都是我吃亏，这次对他冷暴力就好了。

他回来了，我希望我假装什么事都没有发生，对他笑脸盈盈，冷暴力只是我的想象……但是，临到头了，我还是没忍住，冲进厨房拿了一把刀，对着他。他说：你来割啊，你来砍啊。当然后来我也没砍他。

然后，我们开始吵架，我一直在说，他都不吭声，好像这个事情和他没关系一样，我就火了，你不说话，我就非要你说话。我就动手打他，质问他："你为什么不说话？你说啊！"我一直打一直打，最后还打了他几耳光，他忍受不了，就开始对我咆哮，揪住我的头发，希望我不要再动手了。被他揪住头发的感受很不好，因为我是长头发，他不是抓住我的头发，而是拖，如同他是一个可以控制住我的人一样，然后我就不能动弹了，完全不能动弹。

这种被一个人完全控制住的感觉让我非常难受，是一种非常没有安全感、很不舒服的感觉，我感觉到了死亡威胁。当这种感觉升起的时候，我会想让他去死。

所以我用脚去踢他的下体，没踢到，我就反手去掐他的下体，那一刻，我就是想置他于死地的。

然后他问我，你是不是想死？我回答说：我就是想死，你试试看啊……

然后他就过来，抱着我的脖子一扭，我听见我的脖子发出很清脆的一个声音。之后，我感到钻心的痛，我躺在床上哭、叫……

然后我给我妈妈打电话，我妈妈很紧张，说要买火车票过来。但是，当时是过年期间，除夕的前两天，火车票很难买，所以我妈妈就报警了，希望警察来接我回去。

当时我们母女都不想让他送我去医院，后来，躺了很久以后，老公才把我送去医院。医生说，你的颈椎已经骨折了，必须住院，你这很严重。

住院期间，他一直在照顾我，也跟我说了对不起，说他当时并没有想扭我的脖子，当时他只是想抱我腰，把我扑倒，丢床上去……但是我感到我很难原谅他。我反复地说，"我们离婚吧"，他根本不同意离婚。为此，我们又反复吵架。

这次的事情让我很难过，感觉这个心结无法解开。这个事情对我身心伤害很大，感觉以后还会有这样的事情再发生，即便原谅他，他也不会吸取教训。

## 对边缘型人格障碍的解读

抱怨老公不陪伴自己的女人，一般不容易注意到老公也有需要陪伴的时候。

比如假期里他们的相聚，早上她是想陪着老公去参加同事孩子的满月宴的，但是因为自己的情绪问题，她没有去；下午，老公希望她陪伴他去玩麻将，她因为自己没有兴趣，也没有去。

　　这个时候，她心理上不平衡了，觉得老公不在乎她，没有陪伴她。她不会想到，老公会不会心理不平衡，"好不容易相聚，你为什么不愿意陪我一起出去玩呢？"

　　这个思维提示边缘型人格障碍（Borderline Personality Disorder，简称BPD）病人是一种单向思维，他们只能从自己的角度出发考虑问题，很难从对方的角度去考虑对方的感受。

　　通常我们把这个问题叫作自私，但是自私是一种很道德化的词语，在心理咨询的背景下，我们一般不会使用这个词语。因为所有的自私的评判，潜台词都似乎是这个人可以做到不自私，而他没有去做一样，事实上我们知道，这是一种不能，而不是一种不愿。

　　她说："我一个下午都没有吃东西，等着你电话来，都快把我饿死了，你居然把我忘记了……"

　　在她的这句话里，我看到一种婴儿般的心理，就是"我是一个需要被照顾的婴儿，如果我饿了，我不会为自己的饿负责，通过我一个成年人的方式去填饱我的肚子，我一定要等到你把我想起，约我去吃饭，我才会去吃饭"。

　　所以，她是一个 30 岁的婴儿。她把自己的"奶瓶"吊到老公的身上。

　　当然，这只是一个表象。在表象的下面，依然是我在你心目中不够重要的切肤之痛："我饿了一个下午，等着你一个电话来通知我过来一起吃饭，你玩到分不清楚白天黑夜，居然把我搞忘了！你这个罪大恶极的人。"

　　喜欢玩麻将的人都知道，在麻将桌子上的时光过得特别快，玩家时常形容，在麻将桌子上的时间是"讨媳妇过年"，这么美妙的时光，当然想多沉迷一下咯！玩的时候，当然会忘记周围的一切。但是，在一个有着边缘型人格系统的人那里，老公这样的行为，对她来说就是一种抛弃，而且是一种非常严重的抛弃。

　　"我不重要，我不可爱"的痛苦一旦上升起来，她就要给那个人"好看"。

　　老公晚上 7 点多回家，敲门，她不开；打电话，她不接。那个时候，那个男人一定觉得自己很委屈吧！早上想和妻子一起出门去参加满月宴，妻子闹情绪，不去；下午希望妻子陪着自己去玩麻将，妻子不去；晚上7点多回家，妻子不给开门。所以，他也想表示一下自己的情绪，就走了，而且这一走就是整个晚上。

在这个晚上，陈幼岚心里其实是五味杂陈的，她也无法好好睡觉，她后来给自己的妈妈打电话，然后，妈妈给她老公打了电话。但是，她老公仍然不接电话。

她希望在她有情绪的时候，老公可以在门外继续等她的气消了，然后进来哄哄她，这个事情就过去了。然而，她老公也是一个有着自己脾气的男人，他没有办法按照她想象的方式来出牌。他是一个有自己个性的人，老婆不开门，他就赌气出去睡了一个晚上。

在她那里，老公这样的行为就是在把事态升级，在更加肆无忌惮地宣布，她的感受对他来说不重要。而这样不被对方看到的感受、被对方试图"消灭"的仇恨，在这个等候老公归家的夜晚一再地升级。

所以，第二天早上，老公回来的时候，她去厨房拿了一把刀来对着老公。

关于感受这个话题，在她老公那里，可能也会觉得自己的感受一再地被妻子忽视，希望妻子陪伴自己，希望妻子可以接纳自己因为玩麻将太刺激了而忘记了她，希望妻子接纳稍微晚归了一点的他……

但是，当她沉浸在自己的痛点的时候，她是完全无法理解他的痛点的。她在事后对于他的感受很是困惑地说："我感到我很无助和无能，我完全无法理解他的感受。"

幼岚在事后回忆起当时被老公揪住头发的时候，老公传递给她的感觉是想让她死，老公有可能在转瞬之间摧毁她。而且，摧毁她，如同在旧式家族里随意地杀死一个女孩那样，死不足惜，把她埋了，然后没有一个人会在乎这件事情。

正是这个部分，让她那么暴怒。因为她在老公动手的时候感受到的是死亡威胁。

她在事后也能明白老公当时是不可能有要置她于死地的动机的，但是没有办法，她当时的感受就是这样。

所以，这里就有一个切口，可以介入她的精神世界里最原始的地带，那个创伤就隐藏在那个最原始的地带里。

幼岚外婆的妈妈，曾经是被外婆的爸爸动手打死的，这是幼岚的精神结构里上溯三代的一个历史。虽然当时外婆已经被卖到别人家里去当童养媳了，但妈妈被打死的时候，外婆大约10岁，这样严重的家庭暴力事件，在一个10岁的孩子心目中，可能还是一个无法处理的情结吧。

外婆在做童养媳的那个家庭中，也是时常被养父母殴打乃至暴打，以至于双眼被打到接近失明的状态。

妈妈对待幼岚的方式，和外婆对待幼岚妈妈的方式是相同的，在女儿做错事情的时候，都容易暴怒且暴打孩子。

在幼岚出生以前，因为大家族里的人都希望她是一个男孩，所以让她妈妈去做了B超。检测出是一个女孩的时候，爸爸那一系的人，包括姑妈、奶奶，都动员妈妈去把幼岚流产掉，后来在爸爸的坚持下，幼岚才得以出生。

在这个孩子的整个生命历史上，发生过太多次有可能让她死去的真实场景。在她家族的历史上，也的确出现过因家庭暴力导致一个人死去的事件。

在精神分析的理论中，家族里面没有解决掉的情结会一代一代地"遗传"下来。

其实，这不是"遗传"，而是在一代又一代的妈妈的体验中，敏感地觉察到了施暴者所传递的"恶意"。或者说，是施暴者在施暴的那一刻，因为控制不好自己暴虐的情绪，所以有可能在极度的盛怒之下失手打死这个孩子，然后，孩子在每一次被打的时候，体验到的都是死亡威胁。

当分析师试图把这个东西呈现给幼岚的时候，幼岚矢口否认，说她没有在妈妈这里感受到这一点——在她小的时候，妈妈打她不会给她传递死亡威胁，反而是在她的大家庭里，爷爷奶奶重男轻女，时常欺负她的时候，她感受到了那种死亡威胁。每当这种时候，都是妈妈冲出来要保护她，妈妈反而是她最信赖、最依赖的一个人。

她的这种感受是重要的，这种感受本身没有对错之分。

但是，她为什么会否认之前反复叙说过的妈妈对她暴打时候的感受呢？

其实，在那种从小被躯体虐待的孩子的心灵世界中，本来就没有值得依附的人，相信妈妈是爱自己的，是他们在这个世界上能够存活下来的最后精神资源了。如果还把妈妈都看成是迫害自己的，那他们真的会陷入严重的抑郁，缺乏生存下去的勇气和力量了。

她的妈妈的确是很爱她的，但是，妈妈对她有爱，也有虐待。

这样一个孩子，在长大成人以后，反复地在亲密关系里要被爱，被重视，被看见，恰恰是因为她的抚养者在她小的时候没有给过她这些东西。

对她在亲密关系里的感受影响最大的，永远都不可能是她生活的那个大家庭里的爷爷奶奶和其他人，只可能是她的爸爸和妈妈。其他人只是加剧了她的心理疾病的发生发展，但是，最关键的影响因素，只能是来自她的爸爸妈妈。

在她的矢口否认里，我看到她试图维护着被妈妈所爱的那个孩子的影像的一种努力。我尊重这种努力，直到有一天她可以接纳真实的自己和真实的妈妈。

# 我曾经想过一万次要和你离婚

吴雪妮，女，33 岁。

以下的内容是心理咨询中双方共同构建的内容，但是反思部分是心理咨询师加上去的。

前几天，我和他一起去他女性朋友家里吃饭的时候，那个女性朋友当着我，很亲昵地挽着他的胳膊说："张凡，你还记得我们之前在高中同桌时候发生的那些'糗事'吗？课间，我正在吃雪糕呢，你一不小心抬起头，就撞到我的雪糕上，你满头的雪糕，白花花的一片，我们班同学笑残了；有一次，是夏天，你的胳膊越过我画的三八线，我在你胳膊上画上圈圈……"

回来我就不高兴，要他把他和他女性朋友之前的照片全部删除了。他对我的言行非常反感，坚决不删除，说人家是有老公有孩子的，人家夫妻感情好得很，而且，我们是好朋友都那么多年了，你吃这个醋干吗呀……

以前，其实我们几家人都经常在一起玩的，我也的确不吃醋，但是最近，我发现老公对我越来越没有什么兴趣了。所以，凡是和他走得近的女性朋友，都是我的敌人。

所以我们吵架了，他开始不搭理我，一直到昨天都还是这样，连孩子都看出来了。后来，孩子就问我，爸爸是不是不高兴了？然后，我就说是的，之后的话语里，我就开始咬牙切齿地恨了起来。

想躺在床上休息一会儿，但是发现自己无论如何都睡不着，然后起来。

坐在椅子上，心里很不舒服，他已经出去办事了。这个时候，按照以往的风格，我会给他发一长串的微信文字，表达我的愤怒，甚至，我头脑里立刻又闪现出让他滚出这个家的念头，而且，在让他离开之前，一定先把婚离了。

　　每次他不理睬我的时候，我都能够特别敏感地捕捉到，然后，我会如同疯了一样陷入一种忐忑不安的情绪之中，随后，就是设想怎样报复他。当然，我报复他的方式中最高级别的就是离婚。

　　离婚，让这个人永远地消失在我的世界中。这样，他不理睬我的时候，传递给我的危险信息就不会再有了。

　　那个危险信息是什么呢？我想我大着胆子去解读一下吧，平时，这样的信息只能让我感觉到危险，然后马上就进入下一步，也就是疯狂地仇恨和报复的那些步骤。我没有办法面对和放慢，不知道他变脸背后究竟是些什么样的情绪，会让我崩塌。

　　所以，我现在是在努力地回到当时的情景之中。其实当时的情绪里面，有恐惧，有不安，有巨大的愤怒。在这些情绪的背后，有一些核心信念，这些核心信念都是我假设他不理睬我的原因，就是"你是不值得被爱的，你是让我不喜欢的人，我不喜欢你，我甚至讨厌你，所以才会不理睬你……"

　　这些信息里，一定是有我的痛点的，一定是包含着我生命的过往里难以承受的痛苦。所以到今天，老公表现出和这些信息相关的点，才会引爆我的愤怒情绪。

　　上面这些话，是我和我的心理咨询师在咨询室里共同产生的一些回顾，当然，接下来的话，也是。

　　想到那个痛点的时候，我会想起我小时候的那个反复的痛点。

　　爸爸是一个军人，是在我6岁以后才回到这个家的。回家以后，爸爸和妈妈成天吵架打架。从我有记忆以来，他们就是分房睡觉的。爸爸心情应该是不好的，他时常暴打我，在打完我以后，又把我关进黑屋子，关了一会儿之后，他又会进来，抱着我痛哭和忏悔，"爸爸不该打雪妮儿，雪妮儿这么乖，爸爸不是人，爸爸以后不会再打雪妮儿了……"哭完，他会带我去街上，给我买我平时喜欢吃的棒棒糖或者娃娃雪糕。

　　但是，过了一段时间以后，他就会忘记之前对我说过的话，继续打我，关我，然后继续忏悔，带我去街上买东西吃。

所以，我在面对爸爸的时候，心情是很复杂的。我不知道我是该依恋他呢，还是该躲避他？经常在他来抱我的时候，我的身体会瑟瑟发抖。

妈妈是一个情感冰冷的女人，我几乎感觉不到她对我有什么温度，她喜欢指责我，贬低我，和我比较，她比我更能干，更聪明。在我结婚以前，有一次我流产了，她把我送到医院，自己就走了，因为她觉得我很丢人。结果，我一个人上手术台，一个人下手术台，在北方寒冷的冬天里，自己一个人颤颤巍巍地走出医院打车……

后来，每当我生病住院的时候，我都是一个人去，一个人回来，我从来不告诉我父母。

结婚以后，老公对我其实是挺好的。但是，因为我时常体会不到他的感受，而我自己的感受又时常多如牛毛，如潮水般汹涌澎湃地袭击我，所以，当我的感受没有被他体会到的时候，我就要对他发飙。

每次我发飙完了以后，他都会来安抚我。他安抚我之后，我的情绪很快就会平复下来。但是，最近几年，不知道他是不是也对我的情绪产生疲惫感了，他越来越不想安抚我，并且，他居然频繁出现不理睬我的情况了。

每当他不理睬我的时候，就是我万分抓狂的时候。

每次他对我这样的时候，我就会陷入一种歇斯底里的状态之中。他对我的不理睬，对我来说真的是一种类似生和死般严重的"惩罚"。

他不理睬我的时候，我的感觉是被他抛弃了，他不会再喜欢我了，他否定了我对他存在的价值，我整个人就是一个不值得被爱的，没有被看见的存在，我是一个不存在之物。这样的恐惧，也会让我有瑟瑟发抖的感觉。只是现在大了，我把这样的恐惧隐藏起来，代之以愤怒和报复。

甚至，他如果继续不理睬我，在我的感觉里，就如同被关进黑屋子一样，我什么都看不到，什么都听不到，我和这个世界失去了联系，我仿佛看到那个被彻底的孤独袭击了的难过的孩子。

所以，当他不理睬我的时候，相当于是要我"死"，为了对抗这种要我"死"的悲惨命运，我恨不得立刻攒走他，让他消失在我的世界内。离婚，当然就是这种想象的一个必然的结果。

每次我们和好以后，我就丝毫也记不得我之前怎么会去想离婚的事情，因为我知道我老公是很爱我的，平时大部分的时候，对我都非常好。对这样的一个男人，为什么在他不理睬我的时候，我就会要去"赐死"他呢？因为离婚，相当于是他"死"在了我的世界里。

可能是因为在他不理睬我的时候，我感觉到的是一种被"赐死"的痛楚，所以，我才会那么狠心，想到用离婚来报复他吧。

在那样的时候，我是一个没有感情的人，因为感觉到对方的不理睬是对我的存在的否定。所以，我也立刻用离婚来否定他对我的存在的意义和价值。

昨天晚上和他交流了，当我好好和他说话，不指责他的时候，其实他是愿意和我沟通的。沟通之后，发现我们之间有一些误会，所以我们马上就又和好了。和好以后，他还是像平时一样对待我，会来亲亲我，抱抱我。这个时候，那个被爱的孩子的自我意象又回来了，然后，我又记不起他不理睬我的时候我的感受了。

虽然给他表达过无数次，"我很害怕你不理睬我，如果你对我有什么不满，请你直接对我说，我们吵一架，甚至打一架，都比这种不理不睬让我好受一些"。但是在最近这几年，在面对我们之间发生的不快的时候，他有越来越多的时候会选择用沉默来对待我。

在和他结婚以前，我有过十多段恋爱经历。之前的恋爱里，我都能够成功地"让"那些男孩在忍无可忍的状况下对我动手，然后，我看到他们泪流满面地为自己的行为忏悔，又加倍地对我好。那种施虐和受虐的感觉虽然在那个时间点让我痛不欲生，但是，那种感觉却非常熟悉。

嫁给我老公，是因为我无论怎么样对他进行语言和行为上的施虐，他都不为我所动，都一如既往地对我好，来安抚我，他从来没有对我动过手。但是，他对我的包容是不是已经到了一个临界点了？下一次，他会不会就忍耐不住而对我动手呢？

不，如果是动手还好些，我知道我老公是一个谦谦君子，他很少被我的情绪激化，他最多会出现的就是不再理睬我，任凭我怎么闹腾，他大不了搬去他们单位住几天而已。

但是，没有人知道，我最怕的就是这个结局。

他每次搬到单位里去住的时候，虽然他会假借值班的机会去，但是我知道他其实是跟别人换来的值班，我心里就恨得痒痒的。

每当这种时候，我心里还是会下一万个离婚的决心，你不需要我，我干吗要死皮赖脸地留在这段关系里呀？我真的这么没自尊心吗？

但是，他出去住了两三天就会回来，并且回来的时候总是会给我买点我最爱吃的那家风吹排骨，我一看见那个东西，就会忘记他对我所有的不好，那个被他爱着的小孩子的幸福感又回来了。我继续遗忘掉所有他对我的不好，那一刻，爱我的那个他就是一个天使，而我自己也是一个天使。

## 对边缘型人格障碍的解读

一点说明：下文中以"她"来代指边缘人，并不是说这个疾病没有男性，我也接触过男性的边缘人，但是数量的确没有女性多，为了描述的方便，我姑且采用女性的"她"来代指吧。

一个人在感觉到自己的自尊心受到威胁的时候，会有一种很大的危机感，而这种危机感通常情况下是和"被抛弃"联系在一起的。

人和人相处，最大的风险就是被抛弃。

被抛弃的各种形式：突然冷落下来，没有以前那么热情，爱理不理，完全不理睬了，断绝关系，离婚。

这些人际关系包括友谊，包括婚姻，包括亲情。

对于自己在乎的人，每个人都会害怕和他走到这一步。

被抛弃，意味着自己的价值感在把你抛弃的那个人那里完全不存在了。这对于边缘人来说，是她们最不能接受的。

吴雪妮是一个本身缺乏价值感的人，所以她需要和一个男人连接在一起，从那个人身上看到自己的价值。也就是说，那个男人实际上充当了她的"镜子"。你想，一面镜子把自己的主人抛弃了，她就看不见自己了，而一个面目模糊难辨的人，是多么需要一面镜子啊。

所以，边缘人很难容忍自己的感情有空当期，这个男人离开了，她马上会找到下家。其实，更准确的是，在这个男人离开之前，她就会找到下家，她无法承受居然有不被爱的时光，或者没有镜子的时光。

那面镜子还必须是爱她的，在乎她的，否则她在关系里一定不会安静地待着，她一定会向他索要，而且是不停地索要。她要在这面镜子里看到自己是被爱着的、有光泽的女人。

所以，当那面镜子提供不了她想要的功能的时候，边缘人体验到的是羞辱！记住，是羞辱，而不是别的，哪怕那个男人只是一时半会儿在精神上开个小差，或者只是一时半会儿坚持一下自己小小的个性，不按照边缘人心目中"应该"有的方式来回应她，都有可能让边缘人体验到对方对她的极大冷落和不敬，随后升腾起的感受一定是被羞辱感。

这种被羞辱感提示边缘人的个性里一定是掺杂着偏执的，因为她认为对方是故意的和有敌意的。她没有办法把对方的某种情绪和态度视为对方也需要有自己的个性、自己的情绪表达，她会把对方的一切都和对方在攻击自己挂钩。

而一个感觉到自己被羞辱了的边缘人，是一定会报复对方的，她没有办法忍耐被羞辱的感觉。

报复对方的方式可能有许多种，比如打和骂，比如同样的冷战，比如做一些破坏对方前程的事情，或者是破坏对方的其他关系的方式。如果是在亲密关系里，这个女人总是会想到分手或者是离婚。

不管对方之前是怎么对她好，在惹到边缘人的时候，她统统不会记得，或者是不会去想。她头脑里只有一个想法，"这家伙居然敢这样对待我，那我肯定要给他好看啊"。

被羞辱，其实就是一种自尊心受伤的体验。你损毁我的自尊心，那么，我也要损毁你的自尊心。

损毁对方自尊心的最极端的方式就是离婚。我们之间不再有亲密关系，以后也可能再无关系，既然你试图让我消失在你的世界里，我也让你消失在我的世界里。

边缘人是把羞辱和被抛弃挂钩在一起的，所以她的反应也是激烈的和过度的。

在她们感觉到自己受伤的时候，她们倾向于变得冷漠无情，甚至残酷残忍，并且会立刻想办法报复对方，离婚是一种她们觉得最直接和最爽快的方式。然后，在这种想象中来"挽回"自己感觉到的被对方"摧毁"的自尊心。

但是事实上，对方只是想表达自己的情绪，情绪过了也就过了，并没有想要抛弃或者摧毁她的心思。但是边缘人没有办法看到这一点，这是边缘人的边缘性中必然伴随的偏执型因素。

所以，几乎每一个女性的边缘人在亲密关系里，都在想象中把对方抛弃过无数次了，要么是分手，要么是离婚。离婚的念头，可能会伴随着她们的整个婚姻生活，所以，"我曾经设想过一万次和你离婚"，绝不是一个夸张的数字。

# 走进边缘人的内心世界

（1）

在一个边缘型人格障碍病人的脸上，并没有刻写着她是一个边缘人，但是，她是一个内心早已经千疮百孔、经历了许多重大的精神创伤的人。创伤这个东西你看不见，但是，在和身边的人的互动中，她会时常"活现"出她的创伤给你，那些让你难以忍受的猜忌、验证、逼迫、贬低、打击、报复、仇恨、无数的分手闹剧……犹如一出出话剧，把她童年时期所经历的那些创伤演出来给你看，只不过，这个时候你是受害者，她是施虐者。

某些时候，她又变成受害者，把施虐者的角色投射给你，让你去扮演。然后她变成那个楚楚可怜的依赖着你、黏附着你，最终还必将被你抛弃的受害者角色。

和她相处，你不准备好 100 颗救心丸，那恭喜你，你先中枪倒下吧。

传说中可怕的边缘型人格障碍病人，真的很可怕吗？真的要让你躲避到千里之外，再也不想看见了吗？

我们可以先去认识一下她们。

边缘型人格障碍是一种人际关系、自我形象和情感不稳定以及显著冲突的普遍心理行为模式。始于成年早期，存在于各种背景下，表现为下列症状中的 5 项（或更多）：

①极力避免真正的或想象出来的被遗弃（注：不包括诊断标准第 5 项中的自杀或自残行为）。

②一种不稳定的紧张的人际关系模式，以极端理想化和极端贬低之间交替变动为特征。

③身份紊乱：显著的持续而不稳定的自我形象或自我感觉。

④至少在两个方面有潜在的自我损伤的冲动性（例如，消费、性行为、物质滥用、鲁莽驾驶、暴食）（注：不包括诊断标准第5项中的自杀或自残行为）。

⑤反复发生自杀行为、自杀姿态或威胁或自残行为。

⑥由于显著的心境反应所致的情感不稳定（例如，强烈的发作性的烦躁，易激惹或是焦虑，通常持续几个小时，很少超过几天）。

⑦慢性的空虚感。

⑧不恰当的强烈愤怒或难以控制发怒（例如，经常发脾气，持续发怒，重复性斗殴）。

⑨短暂的与应激有关的偏执观念或严重的分离症状。[1]

边缘人女性居多，是男性的3倍。男的容易被误诊为物质滥用和冲动控制障碍或反社会的问题，女的容易被误诊为抑郁症或者焦虑症或者双相情感障碍。

因为考虑到误诊的可能性，所以，被诊断为边缘型人格障碍的比例，比实际数量还要低一些。所以，把边缘型人格障碍患者的比例提高一点，是不为过的。这些患者在实际生活中，其他的大多数功能还是比较正常的，只有在亲密关系里，情绪问题才容易发作，所以，边缘型人格障碍很不容易被正确诊断。

相对来说，女性更容易呈现出边缘人的典型特征，男性的特征要更隐蔽一些。

在生活中，隐匿性的边缘型人格障碍者其实蛮多的，和真正的边缘人的表现有些区别，情绪化、攻击性和冲动性的表现不是那么激烈，但是在内心世界里，关于自体意象的不稳定及对于被抛弃的担心和验证，和真正的边缘型人格障碍病人如出一辙。这是因为从正常的带着边缘性特征的人群，到病

---

[1] 美国精神医学学会编著，（美）张道龙等译：《精神障碍诊断与统计手册（第五版）》（DSM-5），北京大学出版社2016年3月版。

理性的边缘型人格障碍病人之间，仍然只是一个人格谱系上的渐变区域中的系列分布。

边缘性本身并不是一种只有负面意义的东西，它同样是我们人格里的一个组成部分。这个部分往往代表了一个人的创造性，容易外显的情绪化色彩，情绪非常浓烈和丰富，情绪的多变，攻击性、依恋性等包含正面意义的东西，当然也同时包含了破坏性、贬低、偏执、分裂等负面的东西。

我见过一些很有创造性的边缘型人格障碍病人，很有才华，也非常聪慧，只是在亲密关系里情绪时常失控。我还见过一些很有灵性的边缘型人格障碍病人，在艺术上非常有造诣，给这个社会留下许多作品，我还见过一些普通的边缘型人格障碍病人，即便身体已经老去，但心灵和眼神依然停留在3岁的初心时光，很可爱也很纯真的样子……

所以，尊重人群里的边缘人，也尊重我们自己身上或多或少都还遗留着一部分没有发展完善的边缘性，可能是我们和边缘人的对话能够发生的前提吧。

（2）

边缘型人格障碍这样一个名称是在20世纪30年代提出来的，之所以用边缘，说明这个疾病是介于神经症和精神分裂症之间的边缘地带。现在我们知道，在这两个疾病之间，其实是大量的人格障碍疾患，其中，边缘型和自恋型是这些人格障碍疾患的代表性疾病。

所以，边缘型这个命名并没有很好地对这个疾病独特的东西和其他人格障碍进行一个区分。但是，目前继续沿用这个疾病的命名也是一个约定俗成的事实。

在边缘型病人的身上，一般都同时包含其他好几种人格障碍，或者说是和其他人格障碍共病以及和一些神经症症状和躯体化障碍共病。一想到边缘型人格障碍病人，我头脑里就会想到一个充满了焦虑，时常抑郁，情绪常常失控，很冲动，诸多抱怨的人。但是，这些都不足以形容边缘人，下面我们可以更多角度地去认识这类患者。

（3）

边缘型人格障碍患者去医院精神科门诊就诊，一般的诊断是焦虑症或者抑郁症，或者物质依赖，或者进食障碍之类。因为这几种心理疾病是最容易伴随边缘型人格障碍出现的。而对于一种人格障碍的诊断，不是在门诊几分钟的问话之中就可以做到的。

住院呢？情况也是一样的。医院的精神科或者心理卫生中心一类的权威机构，一般很少下人格障碍的诊断，因为人格障碍患者摆明了用药是治疗不好的。用药最多可以治疗一下患者的共病症状，比如焦虑症、抑郁症、躯体形式障碍之类，对于他人格的撼动，那是不可能通过药物治疗来实现的。

目前，在我们国家的诊断体系上，还没有边缘型人格障碍的诊断，有一个诊断和这个是比较相似的，叫作冲动型人格障碍，其中有很多条是和边缘型人格障碍重合的。

但是最近几年，在我们国家的心理治疗的舞台上，边缘型人格障碍患者被发现的概率是越来越高了。

在国外，精神分析疗法、辩证行为疗法、心智化疗法，就是专门用来治疗边缘型人格障碍患者的。而且经过多年的实证研究，效果显著。BPD患者，并非没有好转的可能。而且他们一旦好转，预后还比较好。

（4）

精神分析是有自己独立的诊断系统的，在这套系统下，边缘人除了包含边缘型人格障碍，还包含其他大部分的人格障碍，统一命名为"边缘型人格组织"。所以，在某些时候，边缘性其实包含了人格障碍的大部分内容。

而事实上我有种感觉，人格障碍这种病症，每个人身上都有那么一点点踪迹，谁也脱不了干系。在弗洛伊德时代，人人都是神经症，那是因为那个时候没有人格障碍这个名称，事实上，那个时代的神经症就是现在的人格障碍的各种表现形式。

所以，边缘性在每个人身上都是有那么一点点的。透过边缘性的来源，我们可以看到一个人是怎么进入边缘性的人格地带的，这给我们的家长在抚育孩子的时候提供了许多启示。

通过了解边缘人，我们可以更深刻地了解自己。边缘人似乎是我们的一个镜像，把我们内心的恐惧和焦虑的东西放大给我们看，因为那些恐惧和焦虑，其实我们都有，只是程度的差异，只是个人的生活顺利与否的区别。顺利的，我们就带着这份边缘性进入坟墓；不顺利的，边缘性可以在我们人生的某一个阶段或某几个阶段爆发，如此而已。

人类的任何一种精神疾病，都不是单独属于贴上那个标签的那些人，而是我们共同拥有的。只是程度的差异，只是表现形式的差异，只是在某个阶段爆发出来，而在某些阶段属于疾病的潜伏期。如此而已。

毕竟，我们共同担忧和在乎的都是同一个东西：我会不会真正拥有这段关系？他是否真的在乎我？他还在乎不在乎我？我在他心里，还有没有价值，重要不重要？

只要我们在亲密关系里还有这个叩问，我们就不能保证我们和边缘性绝缘。边缘人最在乎的，难道我们就可以很轻松地说，我们没有这样的一些担忧吗？

当然，我们和边缘人的区别肯定是有的，比如我们的自我整合功能还可以，所以我们把许多焦虑和担忧要么消化掉了，要么成功地转移了，或者升华了。而边缘人就陷入焦虑的泥潭中没有办法拔出来，所以我们成为那个审视和治疗边缘人的人，而边缘人成为被我们治疗的人。

（5）

时常焦虑。

一个边缘型人格障碍的来访者，月薪上万元，她告诉我，她在淘宝上买一个几元钱的东西的时候，也会因为担心自己买了不必要的东西而被妈妈责怪，所以会去把一个商品背后的几千条评论看完，但依然不知道该买还是不该买。买回来的时候，她会很担心这个东西有问题或者不实用，被束之高阁，尽管妈妈根本不会责怪自己，但是她依然害怕自己犯错。

另外一个来访者告诉我，班上的同学看她的一个眼神，就让她感觉到他们对自己的不欢迎和敌意，所以她就不愿意再回到那个她觉得充满敌意的环境里去读书了。因为在那个位置上坐着的时候，莫名的恐慌会袭击她……

她们常常因为过度的焦虑而无法完成应该完成的事情，做几分钟正事，就要去玩一下手机，在玩手机的时候，脑海里却是虚无和自责。但是，回到正事的时候，却依然会因为焦虑自己达不成很简单的目标而再次放弃。

她们在休闲的时候会责怪自己，在工作的时候会因为焦虑而失去正常工作或者学习的能力。

她们内在总是有一个声音在要求自己要非常优秀，这样才不会招来负性评判，不会在人际关系中失利而被抛弃。这样一种孜孜不倦的对优秀的追求，犹如一根绳索捆绑着边缘人，让她们在该工作学习的时候无法集中注意力，在该休闲的时候充满了自责，在这两件事情之间无法轻松地转换。

这样的焦虑还是源于一些不合理的信念：如果我不够优秀，他或他们就很可能不会喜欢我或者不会要我了。而这些不合理的信念之根深蒂固，提示这是来自和最原始的客体互动的结果。

焦虑其实是一切心理疾病的基础症状，但是边缘人的这种焦虑不是一般性质的焦虑，她们大部分的焦虑背后都伴随着对自己如果没有成为一个什么什么样的人，就会被身边的人唾弃和放弃，甚至抛弃的恐惧。所以，这种焦虑一般都具有被毁灭的幻想性质的恐惧。

有时候我们觉得人是自明的，可以分清楚过去和现在的区别。但是，一个人如果过去实在是太糟糕，就有可能停留在过去的惶恐之中，而不能顺利地过渡到现在这个时空。

那个在淘宝上看完所有评价才能买一件东西的患者，小时候，每当她犯错的时候，妈妈都会用一种鄙夷的语气对她说话，仿佛就是说："这么简单的事情，你也会出错。"所以，她对于错误充满了恐惧，因为在妈妈那个鄙夷的语气和冷漠的眼神里，她读到的是，如果一个人犯错，那么她就不配活在这个世界上。这基本上是一种被赐死的恐惧，她内化了那个时刻在语言上施虐的妈妈，所以即便妈妈不在身边的时候，她也无法饶恕自己的过错。因此，她的焦虑就停留在 3 岁的时候，她的心智也因为过大的生存危机而停留在 3 岁，很难回到现在的时空中，根据现在时空中的人对待自己的真实方式和他们互动。

一些边缘人在青春期会很难度过，出现各种症状，更年期是这类人的第二个艰难时期。在以急性焦虑形式发作的惊恐障碍的背后，有一些就是典型的边缘型人格障碍，当然，边缘人更多的是慢性的广泛性焦虑发作。

边缘人很少有策略能够应对焦虑的发作，她们对焦虑的耐受性特别差。也因此，边缘人在焦虑的时候很容易付诸行动，做出冲动的、不顾后果的事情来。

（6）

时常抑郁。

边缘人并非像我们想象的那么张牙舞爪，因为她们太过于在乎别人怎么看待自己，所以她们在人际关系里常常去讨好别人，她们的攻击冲动，只针对自己最亲密的人。但是，在攻击冲动的其余时间，她们也常常去讨好那个要攻击的人。对于外人，她们通常是有些惧怕，有些疏离，同时又常常去讨好别人，当失去自我的成分比较多的时候，边缘人也会出现抑郁情绪。

她们总是要求自己优秀，优秀才能在人际关系里感觉到自己有存在的价值。那么，优秀究竟是一种什么样的状态呢？是真实达到的状态呢，还是即便达到了也依然对自己不满意的状态？我觉得边缘人看待自己的镜子常常是扭曲的，她们永远达不到自己想要的那个状态，即便达到了也会给自己负性评价，所以，时常陷入抑郁就难免了。

当然，边缘人也有自大的那一面，但是这种自大也是对自卑的一种防御。所以，她们的自大，并不能真正救她们逃离自我贬低的苦海。

（7）

我不知道我是谁。

这一点涉及的是身份认同的问题。

你让她用 5 个形容词来形容自己的核心人格，她往往会感到一时语塞，因为她头脑里没有这样清晰的自体意象。

边缘人在她们的童年时候，常常遭受来自抚养者的精神虐待以及躯体虐待，所以她们没有办法在残缺的自我意象上形成完整的关于"我是谁"这样的意识。而且，边缘人的妈妈一般都会过度地使用注入迎合性的投射性认同，这使得边缘人在很小的时候，头脑里能够有限形成的自体意象中，也充满了负性的色彩，比如我是有罪的，我欠妈妈许多许多，我怎么偿还也偿还不了，所以我的生命注定就是带着罪恶感生存的……这样的一些自体意象，有了还不如没有，有了也会被压抑得很深很深。在她们焦虑或者抑郁发作的时候，这些负性的自体意象就会蹦出来伤害她们……

妈妈爱孩子的时候，孩子在妈妈的眼中看到"我是一个乖孩子"；妈妈暴打孩子的时候，孩子在妈妈眼中看到"我是一个不值得被好好珍惜，好好疼爱的坏孩子"。如果一个妈妈对待孩子的态度是依自己的心情而定的，那么，孩子关于自我的意象就会陷入矛盾和不可把握之中，一会儿觉得自己是个还不错的人，一会儿觉得自己很邪恶，人格就会产生分裂和解体，对自己没有一个清晰的认识和评价，甚至对真实世界产生解离感，当环境变化的时候，甚至不再知道自己是谁了。

所以，你要去问一个边缘人，她是谁，这会是一个很困难的问题。

或许她可以清晰地告诉你，但是，你别指望那是她内在的、真实的看待自己的方式。

也因此，她们常常无法做出一个决定，总是在纠结中惶惶终日，因为她们不知道自己是谁，也不知道自己真实的需要是什么，更担心由于做出选择而丧失已经拥有的，又来后悔和攻击自己的决定，然后抑郁。

（8）

边缘人特别善于选择性遗忘。因为对人的分裂的看法，导致了选择性遗忘。在感觉到一个人坏的一面的时候，就记不起他好的一面，反过来也是一样的。

一个女孩子对我说：

"我昨天晚上和他大闹一场，今天早上我就会完全忘记，而他却记得非常清楚。"

不错，这就是边缘型人格障碍的一个表现，她们的情绪性记忆似乎是不连贯的。

因为她需要"记住"妈妈的爱，所以会选择性地把妈妈虐待她们的事件给"忘记"掉。这样在被虐待之后的时间里，她内心还有一个爱她的亲人形象，浮现在她的头脑里，这让她可以短暂地产生"我还是一个有价值的孩子"的幻想；否则，她们会有想把自己毁灭了的冲动。我有好几个边缘型的来访者告诉我，她们在只有几岁的那个年纪，就曾经有过好多次想自杀的念头。所以，保证头脑里还有一个爱着我的妈妈形象，对于这些孩子能够存活下去是多么的重要。

我的一些来访者会遗忘掉童年时期整整5年或者7年左右的记忆。我觉得可以理解，因为这样保护了内在那个感觉还会爱我的人，不会与那些虐待的时刻混合起来，避免让这个边缘人的情感发生混乱和难以整合。

# 边缘人有着怎样的妈妈和爸爸?

（1）

在精神分析的语境下，妈妈这个词泛指一切抚养孩子的人，包括妈妈、爸爸、外公外婆或者爷爷奶奶，或者其他的主要抚养者。所以在本书中，我会统一用妈妈这个词泛指孩子的主要抚养者。

边缘人的成因是非常复杂的、非线性的，有时候甚至带有遗传学的一些特征。但是，大部分边缘人的形成，还是有迹可循的，我并不想在这里回避我们对妈妈这样一种生物的依恋和忠诚，但是，一个边缘人的养成，多多少少和一个病态的妈妈是相关的。

总结一下，关于边缘型人格障碍病人的妈妈，大约有这样几种类型：

边缘型人格障碍妈妈：也就是说，妈妈也同样是这个疾病。

偏执型人格障碍妈妈：总是觉得世界是坏的，有人会刻意地迫害自己，投射出去，时刻都处在惶恐和防御之中，对自己的孩子也不例外；对世界充满愤恨，时刻寻求报复。

精神病性妈妈：内在毫无存在价值感，然后投射给孩子，竭尽所能地贬低孩子的功能，不让孩子和自己有完成分离个体化的可能性；随时都在使用迎合型的投射性认同，使孩子觉得自己的存在是罪恶的、无价值的，对母亲充满了愧疚和一辈子都无法偿还母亲恩惠的罪恶感。

恍惚型妈妈：也称心不在焉的妈妈，永远都生活在对过去的回忆和悔恨之中，或者是对某人的责怪之中，怪自己的命运被对方所害，到了今天的无可逆转的地步。妈妈无法生活在此时此地，也无法和孩子有真实的互动，孩子在妈妈的眼中看不到自己的存在，因而感受不到自己在妈妈心中的价值。

性急的妈妈：永远按照自己的速度去要求孩子要达成什么样的目标，而罔顾孩子实际上达不到大人的要求，因而使孩子产生自卑心态。

喜欢评判的妈妈：一旦孩子做错了事情，哪怕在事后，也会对孩子横加指责，让孩子觉得自己一无是处，胆战心惊地去做每一个决定和做每一件事情。

暴跳如雷的妈妈：性急加喜欢评判，再加上喜欢惩罚，对孩子的过错绝不宽恕，锱铢必较，就会造就一个如履薄冰的、容易紧张和焦虑的孩子。

控制欲强的妈妈：这样的妈妈因为焦虑而织网来控制自己的孩子，孩子和妈妈之间的关系非常奇妙，孩子在被控制，也反抗，但是却无力摆脱妈妈的控制。孩子只能适应和妈妈这样的一种互动模式，而缺乏摆脱和创造新模式的力量。

情绪不稳定的妈妈：某些情境下，孩子做了一件事情，这个妈妈不会生气；另外一些情境下，孩子做了同样的事情，妈妈却会生气。妈妈生气与否，完全看妈妈当时自己的情绪状态如何，而不是根据孩子本身的表现来决定。这个孩子就没有办法预测妈妈的情绪，这样的孩子长大以后，是一个看别人的脸色来决定自己反应的孩子。

以上的几类妈妈，并不是边缘人产生的必要条件，但却和边缘人的产生有着密切关系。也就是说，有这样一些性格的妈妈，不是必然会产生边缘人，但是，在边缘人的背后，通常有着这样几种类型的妈妈，或者是混合着这几种类型性格的妈妈。

这些妈妈在对待孩子的态度上，不论是性急、恍惚、喜欢评判，还是暴跳如雷，都带有在情感上虐待孩子的色彩，她们在和孩子反复互动的过程中，把自身情绪的不稳定带给了孩子。

这几类妈妈和孩子的互动模式，既可能催生出边缘型人格障碍，也可能使孩子罹患其他精神疾病。她们和孩子互动是否会催生出边缘型人格障碍的孩子，还需要结合孩子自身的气质和人格特质来探讨。

这些气质可能是：情绪的易感性、天生的急躁性格、无法延迟满足、神经系统的某种特质，等等。

总体说来，边缘型人格障碍是一种以情绪上的不稳定为主要特征的心理疾病，为什么女性要远远多于男性？是因为女性是一种更情绪化的动物，更会在乎父母对待自己的态度，态度即是一种情绪性的感受。所以，女性成为情绪化的受伤者的频率和概率，要远远高于男性。男性在这方面更多地注重个人的独立性，对父母情感和态度的依赖性要比女性少许多。

（2）

在边缘人的早期生活中，父亲常常是缺位的，或者即便在家中，也不起父亲的作用。

父亲的缺位，几乎是一切精神疾病的来源之一。许多边缘型病人的母亲就是边缘型病人，这样的女人充满了全能的自大感觉，在婚姻关系中常常会贬低自己的丈夫，或者使用迎合性的投射性认同，间接地把丈夫变成一个废人，一个依赖着她才能存活下去的废人。这样一来，这个丈夫在家与不在家都是一样的，无法发挥正常的功能。当然对孩子来说，也就谈不上父亲的位置。

这样的妈妈通常因为和丈夫争执不断，还会把孩子拉到自己的阵营里来，共同攻击他。所以，孩子对爸爸不仅没有好的印象，还会和妈妈一起贬低爸爸。

爸爸在这样的家庭里面的存在，就只是一个形式。

因为爸爸在家庭里的缺位，儿童这个时候实际上只剩下一个亲人，就是自己的母亲，孩子和母亲很容易形成共生关系。而且，边缘型的妈妈是欢迎孩子和自己形成共生关系的。

边缘人的妈妈，一般情况下也是一个人格障碍患者。其实，所有的人格障碍有一个共同点，那就是自我价值感低下，害怕被抛弃。所以，在这个女人的生命里，总是要牢牢地抓住点什么，如果无法抓住丈夫，控制丈夫，那么，抓住孩子也是好的。这样，孩子和妈妈就很容易共生在一起。

在儿童的分离个体化时期，这样的妈妈是不鼓励孩子有独立的尝试的，妈妈希望孩子一直依赖着自己，不要离开自己去独立，为此妈妈会去替孩子做很多事情，让孩子无法体验独自做事所带来的成长、价值感和价值感所带来的快乐感觉。孩子因此觉得妈妈很有价值，而自己没有价值，自己必须依附于一个强大的人，才能生存下去。

但是，内在始终有独立需求的孩子，就会在独立和依赖之间反复摇摆，痛苦而无法做出抉择。因为儿童很敏感地觉察到自己如果独立，就会被妈妈不喜欢，不接纳，那么，独立就意味着被妈妈所抛弃，不独立又意味着自己要一辈子做妈妈的傀儡，所以这个孩子终生都会在亲密关系里体验独立和依赖的冲突与挣扎。既想要离开一个人，又会对自己想离开的那个人充满了内疚，同时也担心离开一个人之后自己无法面对孤独的生活。这就是边缘人在情感上的两难处境。

（3）

台湾一位教授在讲解边缘型人格障碍的时候分享道：

对于一个小孩子来说，爸爸妈妈持续地不理睬，就是遗弃，对婴儿来讲，是生死攸关的问题。对于父母亲关心不关心，注意不注意，小孩子会发展出一套吸引父母亲注意和关心的方法来，孩子会耍宝，做很多好笑的事情出来，目的是让父母不抛弃自己。如果父母亲的回应真的让小孩子觉得，你乖乖的时候我们不会抛弃你，你不乖的时候我们也不会抛弃你，小孩子就可以顺利地度过这一个阶段。

如果父母表现出，你只有乖的时候，我才爱你，不乖的时候，我就会修理你，这一点对父母来说，似乎很正常，但是，对于一个不到两岁的小孩子来说，他想破了头，也绝对不能够理解这是为什么，这里就有可能是创伤的一个起点。

那是一种不安全的依附形态。孩子会伤心、害怕人际失落，经常要和分离对抗，强迫性地寻找关心，气愤令其失望的重要他人的离开，因为不知道这些人还会不会回来。

（4）

超过了个体的情感所能承载的那个具有冲击力性质的东西，就是创伤。

创伤并没有大和小的区别，对不同的个体来说，有时候别人觉得很大的创伤性事件，对一个孩子的心理发展却并没有想象的那么大的影响；而对另外一个孩子来说，有时候很小的一个事件，或者持续性的小事件，也会引起一个孩子很大的反应，形成创伤，这和个体的敏感性和神经质水平相关。

有极少数边缘人的父母，问题并没有我们想象的那么严重。但是，父母中的某一方因为承接了上一代的创伤中没有消化掉的那个部分，在父母这一代的身上并没有表现出来，或者他们很好地转化了这个创伤。而孩子莫名其妙地承接了祖辈的创伤，从而形成边缘型人格障碍，这样的情形也是有的。

当然，大部分的边缘人还是经历了来自抚养者的虐待，形成了创伤，其终生的症状似乎都是在反复地呈现这个创伤的原始过程。

边缘人让别人所感受到的那些莫名其妙的过激反应，正是自己曾经遭受的那些不能言喻的痛苦的再现，在活现自己过去的经历，而其身边的人常常感到不可理喻。

（5）

早年遭受创伤的孩子，会防御性地抑制自己的心智化能力的发展，以避免意识到自己的抚养者对自己有伤害的故意。

比如一个正在打麻将的妈妈，如果孩子在旁边不断地吵闹，来找她哭诉，这个时候，妈妈有可能起身去暴打自己的孩子，表面上看是因为孩子的过错，而实际上有可能只是孩子打断了妈妈正在进行的很刺激的赌博游戏。这个时候，孩子有可能体验到妈妈的暴打里，有摧毁自己的可怕力量。

另外一种是长期在婚姻里遭受老公家暴的女性，也会频繁地表达要离家出走的意图，她对自己的孩子的意愿是漠视的，孩子其实是能够读懂妈妈的情绪的，所以孩子常常感到焦虑不安，不断地去试图获得妈妈的关注。而妈妈因为自己的心情很烦躁，有时候顺便"啪"一下，一耳光就打在了孩子的脸上，这个时候的孩子心里也是知道妈妈对自己有抛弃的意图的。

孩子对妈妈的需要是绝对的，而妈妈对孩子的需要是相对的。

正是因为我们内心都有想要得到妈妈的爱的渴望，所以我们一直在说"天下没有不爱孩子的妈妈"。但是，在实际情况中，妈妈爱自己的孩子是一种本能，同时也要面对有没有能力去爱的现实。而孩子对妈妈的爱和忠诚，却绝对是第一位的，因为妈妈的爱是孩子正常存活的保证，所以，天下没有不爱妈妈的孩子。

如果实在是有这样的孩子，比如自闭症，比如反社会人格障碍，那可能也是因为在妈妈那里完全绝望了吧。

因此，某些妈妈对待孩子的态度是比较情绪化的，她们在处理和孩子的关系时，可以做出一些让别人觉得匪夷所思的事情来。她们似乎并不需要过多地去考虑孩子的感受，可能是因为她在潜意识里知道，无论她怎么做，孩子都是会依恋她的，而且是绝对性地依恋她。

有时候我们会发现，越是被母亲虐待的孩子，越是难以离开父母和家庭。这是很好理解的，被父母虐待的孩子会很自然地觉得外面的人对待自己也是会充满敌意的，也可能会很糟糕地对待自己，与其被陌生的、不熟悉的敌意所伤，还不如待在熟悉的敌意和伤害里。更何况父母的虐待之外，总是伴随着爱和关心呢。

虐待会使儿童不关注自己的精神世界。放弃对自己精神世界的关注，是因为只要关注，就有可能发现父母对待自己的态度里有某种无法面对的真相。这一类人，是最坚信父母都是爱自己的孩子的，而且，还不会允许别人说自己的父母不好。

病人在早年的生活里，很难被当作一个有着自己的心理感受的人对待。因此这些病人对自己的感受的体验非常肤浅，所以对于理解别人的意图和感受也很困难。

（6）

边缘型人格障碍病人和自己的父母之间，在早年一般都是一种混乱型的依恋模式。

在 4 种依恋模式中，这是最后被发现的一种。

婴儿在和妈妈重逢时，卡在要扑向妈妈还是要站在那儿一动不动、瘫软在地的两难处境中，或者陷入一种茫然的、恍惚的状态。对这些婴儿来说，妈妈被婴儿体验为爱的对象，但是同时也是危险的来源。按理，儿童受到惊吓就会逃向父母，但是，混乱型婴儿却在这样的两难处境中无法行动。

边缘人的妈妈对自己的婴儿是有爱的，但是因为自己的心智发展得不成熟，情绪不稳定，又会导致妈妈对孩子有虐待的行为发生。所以，婴儿时期的孩子就会发现和一个人的依恋模式是这样一种两难处境，和妈妈分别又重逢之后，不知道是该扑向妈妈，还是在原地不动。

扑向妈妈是为了获得爱和安抚，原地不动是因为那个妈妈曾经伤害过自己，带给自己痛苦的体验……

# 我到底想要怎样的感情？

（1）

边缘型人格障碍诊断标准的第一条是：疯狂努力以避免现实中或者想象中的被抛弃。

男友或丈夫不在身边的时候，她们常常会感觉不到自己的存在。如果和他失去联系的话，那简直就是要命，她会不停地给他发短信、微信、QQ 或者采用其他任何联系方式……

他对她的黏附终于受不了了，开始冷落她的时候，也相当于是对边缘人抛弃的象征性时刻。这个时候，她要愤怒，要报复，其实也会恐慌，但是她不想去乞求，因为她看不起乞求状态下的那个自己，而愤怒的自己是有力量的……

害怕被抛弃，这是边缘型人格障碍的一个核心症状，其他几个症状也和这个相关，也可以由这个引发。

在一段亲密关系里惧怕被抛弃，其实是我们所有人都会有的担忧，只是我们一般人的自我价值感在一个正常的水平，我们对于自己会被爱尚且足具信心。所以，虽然我和他闹矛盾，但是我们不会担心关系就如同掉线的风筝一般脆弱：他走了就不会回来了，或者他和我冷战的时候，就是准备抛弃我的前奏。我们对关系能够有一种信任，他的情绪表达完了之后，他还会回到关系里来的。

但是边缘人就没有这么幸运了，她们早期和抚养人建立关系的过程中，充满了不确定性，她们对于自己会不会被接纳、被爱，充满了怀疑。所以她们和爱人闹矛盾以后，对于爱人还会不会回来，会不会在乎她，把她攥在手心，充满了不确定的感觉。

还有，心理正常的人在头脑里已经实现了客体恒常性，所以能够保留客体在头脑里的意象。这样，这个客体不在身边的时候，照样可以安抚我们，他还会回来的，他是爱我的。而对一个边缘型人来说，她还没有来得及完成客体的恒常性阶段就过渡过去了。所以，当重要他人不在身边的时候，她就没有可以调动的影像资源来安抚自己。

因此，她们对于别人的慢待和抛弃，充满了说不清楚的恐惧感。所以，别人对待边缘人的方式，其实是把她早期的创伤重新触发了，惧怕被抛弃，就是边缘人的"按钮"，任何触发这个"按钮"的人，都会引发边缘人过激的反应。

边缘人和别的人格障碍的区别之一是：虽然她们受到过躯体或者情感上的虐待，但同时她们也是得到过爱的孩子，她们品尝过被爱是什么滋味。所以，如果说被爱的体验就是一颗糖的味道，她就如同一个孩子，一个一定要得到那颗糖的孩子。虽然她总是记不起在吃到那颗糖以外的时间，她也在遭受虐待，但是，心中有一颗糖，她就宁愿相信那个客体始终会给予她糖的味道。

被惩罚是被抛弃和被拒绝的时刻，被爱是一颗糖的安慰和爱又重新回来的标志，她就摇摆在这样的两极状态之间，不断地失落，又不断地追寻。

（2）

你以为边缘型人格障碍真的就只有那一面，害怕被抛弃的那一面？

不，你想错了，你至少没有想象完全，她们还有另外一面，那就是在内心想象过一万次要离开她的亲密关系里的那个人，或者说叫抛弃他。

触发边缘人想要抛弃对方的理由可以有一万个，但是这一万个理由都可以浓缩成为一个：就是你伤害到她的自尊心了。

什么叫你伤害到她的自尊心了呢？她发出的信息，你回的时间晚了，或者，她发出了200个字，你回了20个字；分开的时候，她更需要你和她每天都要有联系，而你竟然可以很多天都没有发任何信息给她；冷战的时候，是你先发起的，而且你还不先去哄她；她给你交代的某件事情，你竟然忘记了，她感受到被忽略，她不重要……

类似的例子数不胜数。

什么叫你伤害到她的自尊心了呢？就是在关系中，你居然是被动的那一方！她很需要知道，有个人需要她，记得她，觉得她很重要，而你的感受居然比她的感受重要。单凭这一点，她在内心里已经把你"抛弃"了一万次了。

（3）

你符合我的期待的时候，你就是有价值的。

你反复地不能满足我的情感需要的时候，我就记不起你曾经对我的好，不能满足我的客体，就是坏的客体，所以我反复设计离开你。但是因为投射性认同，我会觉得你也很可怜，而且离开你，又有谁来爱这个顾影自怜的我呢？所以又总是无法离开。

边缘人的感情，是一种非常矛盾的存在。

看起来，她们因为惧怕被抛弃，所以对于生命中遇到的人都充满了比一般人更多的依恋，甚至迷恋。在迷恋对方的过程中，甚至共病出来一种依赖型的人格特质。但是，所有的这些感情都具有迷惑人的特质，都只是在对方满足她需要的时候表现出来。当对方一旦有对边缘人的否定和抛弃的蛛丝马迹显出来的时候，对方对她就是一个危险的存在，她会在内心快速地否定掉对方的存在，会试图在对方抛弃自己之前，先把对方给抛弃掉。

这样的抛弃，当然不是实际的抛弃，我们看待一个疾病或者心理现象的时候，一定要注意用象征的方式去理解这里的抛弃：有可能是冷战，我不理睬你了；有可能是一个宣告离去的威胁；有可能是一个说要断绝关系的试探；也有可能是真正的转身离开……

无论先前那个人对边缘人有多么好，都抵挡不住那个人的一个转身，忽略了边缘人的感受，就被边缘人抛掷在自己感情世界的荒郊野岭。所以，从这个角度来看，边缘人是没有感情的。

她们要的是自己拿捏得稳的那种感情，她们要抛弃的是自己没有把握的感情。一切都以自己的需要为准则，除了这个，别的都不重要。

　　边缘人虽然非常惧怕被抛弃，但是，在她们的内心世界里，却是随时都蕴藏着抛弃那个男人的想法的。

　　边缘人大部分时候是感情非常丰富的人，有时候却是一个很冷血的人，这个星期把你看成天使，下个星期把你看成魔鬼。在这样的视界之下，所谓的感情都是一种极端的变幻而已，不真实。

　　边缘人对他们的治疗师，一样有这样的无情。

　　一个咨询师曾经对一个边缘人做过为期两年的长程治疗，然而就在一次咨询师对来访者共情失败以后，来访者在后面一次治疗里对咨询师说："你算是什么治疗师哦，水平这么低，我差一点都要怀疑你的专业性了，我准备终止我们的咨询……"

　　当然后来因为其他原因，他们的咨询没有终止。但是我那个咨询师朋友说，来访者的无情还是伤害到了她。边缘人会因治疗师共情失误、涨费用或者治疗师度假等诸如此类的事情，就把先前治疗师给予她们的帮助通通忘记，眼里只有一个冷酷的治疗师和自己要狠狠地报复这个冷酷的治疗师的冲动。

　　她们无法把后面感受到的这个"犯错"的治疗师和前面无数次关怀和共情她的治疗师联系在一起。所以，当后面的印象遮盖住了前面的印象，边缘人采取的措施是，一棍子"打死"这个治疗师。

　　所以，一些心理咨询师是不会轻易地接边缘型人格障碍患者的，尤其是那些自我没有修通的治疗师，迟早是会受伤的。虽然治疗师大多经历过个人体验，对于自己的短板也有清晰的认识，但是人和人之间相处久了，治疗师的一部分自体客体也会放置在来访者那里，来访者在某一个时刻对治疗师所做的工作和人格的彻底否定，也会让治疗师在那一个时刻被伤害，这就是我们职业生涯里的"情感杀手"。

　　（4）

　　治疗师常常在边缘人对待人严苛的那一面里，体验到和她们的孩提时代相通的感受：她们曾经的客体对待她们"犯错"时候的严苛和一票否决时候的决绝，边缘人认同了施虐者的这个部分，然后散发出那样严苛的气息给治疗师。

这里的角色配对是：

甲方：一个始终盯着孩子的错误，并且绝不放过孩子错误的父母。

乙方：一个战战兢兢，害怕父母因为自己微小的错误就不再爱自己，还会严厉惩罚自己的孩子。

因为内在装着这样严苛的角色，所以边缘人对待现实世界中的客体，一样也是严苛的，如果你有让我不满的时刻，我也会抛弃你。

因为她没有办法在头脑里整合一个完整的、有好有坏的客体，她只想要一个完美的客体，如同当初她的父母想要一个完美的、不会犯错的、能够随时顺遂自己心意的婴儿一样。

那么，不完美的客体的命运是什么呢？是死。象征性的，我不要你了，你在我的世界里就死亡了，消灭了。

所以，一个真正的边缘人，是具有无情无义的特质的。

但是，矛盾的地方往往在于，她们的头脑里会有一些机械死板的、严厉单调的超我在惩戒自己：我不能轻易地去抛弃一个人。

这样的超我，很像是在无意识层面把配偶看作母亲，然后产生对待母亲般的忠诚，边缘人和母亲的关系有冲突，也有无法分离的那一面。

这种超我有时候来源于自己害怕被抛弃的想法，投射给了对方，觉得对方被抛弃之后会有多么可怜。边缘人在幻想层面上，常常处于拯救者的妄自尊大的角色中，她们会夸大她们的离开带给对方的伤害，陷入道德上的自我谴责中，左右为难。这不是真正的出于对对方福祉的关心，而只是因为无法面对头脑里"我不是一个好人"的很机械的自我评判，以及在这样的评判下，在想象层面会遭遇的道德惩戒的一个后果而已。我甚至可以感觉到，在边缘人的早期生命里，那个客体给予她的单调的道德说教以及这背后的无数带有惩戒和恶果意味的隐喻和暗示。

很简单，边缘人的抚养者一般也是心理有严重问题的人，他们自身的不安全感肯定会传递给这个孩子，让孩子成为简单粗暴的道德律令的裹挟者和牺牲品。这是抚养者和孩子之间的无数次投射性认同之后的一个结果。

所以，她们没有稳定的价值观，不知道这个男人能够带给自己怎样的生活，或者说，怎样的生活对于她们来说，才是她们可以安然地待在里面的生活。

或者说，其实不论怎样的生活，都是一种有欠缺的、永远不会得到情感上满足的生活。从理论上来说，即便这个男人提供给她的是一种完美的生活，她依然会在鸡蛋里挑骨头，找到痛苦的来源，因为在她的内心始终有一个巨大的匮乏，而这个匮乏是一个配偶在短期内无法完全去填补的。所以，边缘人和她的配偶在婚姻里会遭遇无数的挫败，那几乎是注定了的。

有时候，她们遇到的的确是渣男，但是这个时候，她们内心对于自己应该得到的那份正常的感情生活，没有一个模板可资借鉴。所以，她们依然会待在一段感情质量低劣的关系之中，在离开与留下之间长时间做无谓的挣扎，而很难有一个真正的抉择。

这是因为，她们头脑里没有很清晰的建构，是离开一段关系，还是留在一段关系之中？什么对自己才是合适的？因为没有清晰的自体意象和客体意象，所以，恍惚而持续终日的感情挣扎成为边缘人情感生活的主要内容。

也因此，焦虑是她们所有情绪的底色。

（5）

在治疗室里面，当一个来访者将我理想化的时候，我心里会本能地联想到她下一步也很可能因为我的一些过失就否定我，抛弃我。因为既然她很容易理想化一个人，常常也提示她很容易否定一个人。

她们对待同一个人的态度往往非常矛盾，前后差异蛮大的。

边缘人的内在世界是分裂的，这一刻，你给了她许多的爱，她的内在充满了一个无限关爱的父母的客体意象和一个被温暖融化了的有价值的小孩的自体意象。但是，下一刻，当男友或丈夫对她的态度有些冷落的时候，她头脑里就充满了一个拒绝型的父母的客体意象和一个脆弱的、无价值的、即将被抛弃的小孩的自体意象。

前一个配对发生的时候，她是喜悦的、满足的；后一个配对发生的时候，她是容易暴怒的和自伤、伤人的。两个配对在发生的时间上距离哪怕很短，她头脑里都无法整合出来，那个爱她的和激怒她的人是同一个人。

所以，她们在爱的时候会很爱对方，恨不能和对方融合成为一个人。在恨的时候可以对对方毫无感情，甚至充满了报复的意味，等到下一刻对方又对她好的时候，她已经记不起之前是如何恨那个人了。

这个在防御机制上说，叫作分裂。

分裂导致 BPD 无法对一个人形成连贯的、稳定的感知觉。

# 讨厌任何规则和束缚的边缘人

（1）

遵守规则对于一般人来说，是他们和这个世界进行协调和合作的前提。然而对于边缘人来说，规则是一道唐僧的紧箍咒，遵守规则是一个关于生和死的两难问题。

边缘型的孩子在童年时期，一般都遭受了抚养者的虐待。这些虐待有的是肉体的，有的是精神的，不论是肉体还是精神，都具有一个明显的特征，那就是随意性，妈妈是根据心情来决定孩子的"生死"的。

当一个妈妈惩罚孩子，不是为了孩子的正常发展，而是由于妈妈情绪失控，需要发泄的时候，就是一个孩子可能面临精神结构上的象征性"赐死"的时刻。孩子这个时候会惊恐地发现，平时宠爱自己的妈妈，在这一刻突然变了一个人似的，不仅把所有的爱收回去了，而且会给予自己无法理解和承受的惩罚，这些惩罚通常是偏向严厉和严苛的，是一个孩子很难理解和接受的。在这一刻，这个孩子遭遇了一次对自己很大的否定，在妈妈这面镜子里，看到了一个不被接纳、不被喜爱的，突然间完全失去价值的自己，这就是一种精神上的"赐死"。

因为规则是施暴者的规则，带有随意性，每一次被虐待都不是因为孩子犯了出格的错误，而是看施暴者的心情而定的。

比如一个坚持跟妈妈要玩具的孩子，在地上哭闹甚至打滚，妈妈在心情好的时候会去把孩子抱起来，问他："乖乖，我们等妈妈的工资发了再去买好吗？"但是，妈妈如果心情不好的时候，就会直接上去，把孩子揪起来，打屁股，或者直接走人，不再理睬这个孩子。孩子看到妈妈这样，可能会很恐慌，只好从地上爬起来，跌跌撞撞地跟着妈妈离开……

这就是一个边缘人的妈妈的典型形象，妈妈对孩子是充满爱的光辉还是恨的阴霾，完全看妈妈的心情。

所以，这个孩子会怎么去看待规则呢？我不能在地上打滚去要自己想要的东西，这是一个规则。但是，这个规则带有太强烈的随意性，有时候我打破规则，妈妈也会给我爱；有时候我打破规则，妈妈则会严厉地惩罚我。

无论施暴者怎么施暴，BPD 的孩子一般都不会求助，因为这些孩子意识到那是施暴者的需要，所以抱着即便被打死也不求饶的决心。

这样的事情如果发生的次数多了的话，这个孩子就会成为一个对抗规则的人。

如果拿边缘人和回避型人格障碍来对比的话，他们有两类完全不同的妈妈：边缘人的妈妈对孩子是有爱的时刻的，虽然它背后隐藏的实际上是一种心理等同的模式，就是妈妈在爱孩子的感觉层面上不断体会到的是要好好地爱自己，妈妈在无意识层面把孩子当成了自己来爱。但是，在妈妈给出这个爱的时刻，孩子感觉到的的确是被爱。然后妈妈还有一个对孩子施虐的时刻，在这个时刻，妈妈同样处于一种心理等同的模式下，分不清楚她是在恨孩子还是在恨自己。

但是回避型的孩子的妈妈，对待孩子通常只有一种模式，那就是忽略。回避型的妈妈对孩子没有爱吗？那当然也不是，但是这个爱是非常隐匿的、羞于表达的、很浅淡的，浅淡到孩子几乎感觉不到。

如果拿这两类孩子来做对比的话，实际上回避型孩子的心理结构要相对稳定一些，即妈妈都不是好妈妈，但是回避型孩子的妈妈对待孩子的态度是始终如一的；而边缘型孩子的妈妈对待孩子的态度是变幻莫测的，正是这种变幻莫测让这个孩子对于规则产生了非常矛盾的态度。

所以，当边缘人的妈妈惩罚孩子的时刻，孩子会本能地从妈妈的随意性中感受到这个惩罚背后的寓意，那就是妈妈倚仗着自己站在妈妈的位置上的一种强权，对自己施加妈妈的"规则"，而这个规则不是孩子的规则。那些惩罚的背后，通常都是在这个年龄阶段的孩子会犯的那些正常的"错误"，普通的妈妈也可能会因为这些错误而惩罚自己的孩子，唯一不同的是，普通的妈妈在惩罚的时候，爱还包含在这个惩罚里，所以不会有一种过度的惩罚。而边缘人的妈妈在惩罚孩子的那一刻，把对孩子的爱抛掷了，只留下对孩子的恨，而这种恨很像是因为把孩子看成自己的一个部分，而这个部分居然可以不按照自己的心意来"出牌"的恨。这个时候的妈妈犹如一个失去理性的成年人，要把自己内心关于"对"和"错"的评判做一个截然的区分，传递给这个孩子。在那一刻，边缘人的妈妈内心只有对自己认为是"对"的坚持，对"错"的憎恨，孩子这个时候代表着"错"，是一个该"受死"的存在。所以那一刻，边缘人的妈妈会把自己的妈妈对待年幼时候的自己犯错后的惩戒里的暴怒和敌意，一股脑儿地发泄到年幼的孩子身上。

所以，这个时候的孩子感受到的规则背后，就会有一种妈妈要把自己消灭的恐惧。

那么，边缘人在成年以后，会如何去看待规则呢？

是否所有的规则背后，都隐藏着一种会吞噬自己的力量？是遵守规则呢，还是对抗规则？这是边缘人一个永远的两难问题。遵守规则，就是对权威屈服和低头，但是权威在象征层面上又是一个类似淫威的角色，不具有真正的权威性。对抗规则，则可能连最后一点被爱的希冀都没有了。

（2）

大部分的边缘人，拖延症现象都很突出。

拖延症就是无法遵守规则的变形体验。"你"要求我在什么时间、什么地点、以怎样的质量来完成某件事情，我明明是可以做到的，但是，如果我按照"你"的规定去做了，我就浑身不自在。我始终要对抗，我要按照我自己的速度、自己想完成的时间、自己想完成的效果去做。所以，我常常是拖到事情的最后截止日期来做这件事情，虽然要熬夜，虽然我常常影响到自己的前途和利益，虽然我知道我不该这样，但是我又会莫名其妙地去这样做。

"不作死，怎为人？"

拖延症也是某种被动攻击的表现。

（3）

在心理治疗中，打破设置，是边缘人常常做的"好事"。

她很难遵守设置来到我的咨询室，如果说是 10 点开始，她常常 10:15 才会到，或者事先也不通知，就擅自取消这次咨询，虽然会有一些经济上的损失作为惩戒，但是你别指望她会因为这些惩戒就轻易地改变自己。破坏规则，是她们内心自我保存本能的一种反射。

下面是一些边缘型人格障碍病人的素描：

她说："我没有办法做朝九晚五的工作，我无法在一个被别人决定的体制下生存，每天早上打卡，晚上打卡，这样的工作制度会让我有窒息一般的感受。如果还有工作目标、考核任务，我会感到我在看人脸色而活着，如果完成，那个人就可以给我'爱'和认可；如果不能完成，他会让我感受到什么？这些东西我都不想再去经历，我想回避这种被人钳制着的生活……"

她说："我很讨厌我老公给我规定一些东西，他不希望我再做这样没有保障的自由职业，他不知道我去正常上班我会死，我很讨厌他告诉我应该做一个怎样的家庭主妇，把家里收拾成怎样的，我喜欢把东西扔得到处都是。但是，当他真的变得邋遢的时候，我却又如同强迫症一样地要把每样东西都放到应该放置的位置，我每天必须洗澡和换内衣内裤，否则我会受不了……"

她说："一本书，我甚至不能从第一页读到最后一页，我总是要挑着读，从中间的某一个部分读起，这就如同那个时候我总是要被迫去听母亲的唠叨，我很想封住她的嘴，但是我做不到……书里的话语，也如同一个人试图在告诉我什么，如果我从头读到尾，那就是能够去接受别人的话语，但是在这个细节上，我都想要有自己可以选择的可能性，所以我会选择我想听哪一段就听哪一段，而不是被作者牵着我的耳朵和心灵，跟着他的思维走……"

她说："如果约会，我总是会迟到，我无法容忍自己去等待别人，他不来的那一刻，也是我如坐针毡的、如同被抛弃的一刻，所以我总是迟到……"

她说："你知道我的感受吗？我心里说，你知道我的感受吗？如果你的感受那么重要，已经吞没了我，我是没有心理能量去顾及你的感受的……好吧，那我们以后就不要联系了……望着一次又一次失败的情感连接，我心里在哭，但是我脸上在笑，世界在我面前常常崩塌，所以我内心常常是破碎的……"

（4）

边缘型人格障碍病人的妈妈和她自己，其实内心没有能力建立起真正的规则，她们根本不知道自己想要的是什么。所以，她们的规则更多的像是一种对于别人的规则的模仿以及自己在情绪失控的时候的一种发泄罢了。

我们会去遵守一个规则，是因为我们知道大部分的规则都是保护我们的。如果某些人一定要去对抗众多的规则，恰恰是因为他们感知到了规则对他们是一种束缚，一种践踏，规则并不是来保护他们，让他们生活得更好的一种存在，规则只是制定规则者的一种滥用权威的象征，所以他才拼尽全力去反抗。以至于到后来，面对大部分的规则，他都只剩下反抗的本能和纯粹的防御，而不去问那个规则背后的真实意图了。

# 边缘型人格障碍的内心戏

（1）

她们会常常感觉到空虚，这是自体意象没有能够完整地建立起来的缘故。

她在夏天的时候，不管穿什么裙子都是长袖的。如果把手臂上的衣袖揭开，很可能是一条一条割伤自己手臂的疤痕。

我在医院的时候，就看到过一个 18 岁的边缘型人格的女孩。那女孩长得非常漂亮，但是，她却有一条无法让人直视的手臂。她很淡定地对我说："割手臂的时候，我才能感觉到自己的存在。"

（2）

边缘人看待人和事情的时候，常常表现出单向思维。

单向思维，也可以叫缺乏心智化的能力，缺乏理解别人心理的能力。

她们在幼年的心智发展阶段中，一直停留在偏执分裂位态，还没有进入抑郁位态。所以就和皮亚杰的三山实验里的孩子一样，只能看到我能看到的世界，无法进入别人的视野里去看事情。

也因此，她们很容易产生愤怒。

如果用自私这样的带有道德谴责色彩的字眼去评价边缘人，显然把边缘人的人格发展水平估计过高。这就如同你希望一个自闭症的孩子在妈妈离开的时候表现出情感一样，是不太可能的。这是发展上的缺憾，和自私无关。

但是这样的品性带给亲密关系里的人的体验就实在是太糟糕了，对方体验到的永远是：你的感情很强烈，你的需要太丰盛，而我的感受和需要永远不重要，永远得让位于你强烈的需要。

一位边缘型人格的女性，因为总是觉得丈夫没有满足自己的一些需要，所以反复思索，想要和丈夫离婚。但是，从旁观者的角度来看，那个丈夫已经是一个足够好的丈夫了，而她本人对这一点，并没有很现实的知觉。她的情感需求非常旺盛，也很丰富，而她那木讷和迟钝的丈夫显然怎么也应对不了她的需要，所以她时常失望，时常觉得丈夫故意为难她，时常感觉到在婚姻关系里自己没有多少价值感，时常感觉到挫败。那正是因为她嵌入在自己的体验中，而无法分出另外一双眼睛来观察对方的感受。

所以这样的体验是一种要命的体验，在这个体验之中，她的思维是单向的。

当然，边缘人也有一系列的方法让配偶留在她的身边。一般情况下，边缘人的配偶的人格功能不可能很高。选择边缘人的男人，同样具有低分化的人格特质，他们也同样难以从这段关系里拔出来。所以，他们往往成为边缘人投射性认同里面的"菜"，然后持续地待在一段体验并不是很好的关系里面。

但是，边缘人对配偶在依恋时的强烈程度以及愿意为了爱情飞蛾扑火时的激情，也会常常感动对方。边缘人虽然会有折磨人的一面，但是也有对感情非常真挚和浓烈的一面，有愿意为了对方付出许多的决心。所以，这也是一些男人甘愿留在边缘型人格障碍病人身边的原因。

另外，还是会有一些成熟的男人，因为迷恋上边缘人的特质，能够涵容边缘人的胡搅蛮缠。长期的互动之后，这样的男人可以治愈边缘人的心灵创伤。

边缘人在中年以后，边缘性通常会下降许多。

（3）

边缘型人格障碍病人的注意力很难集中稍微长一点的时间。

即便是在心理咨询的过程里，她们谈论一个话题的时候，也很容易转移话题，跳跃到另外一个话题上。当咨询师说话的时候，她们能够静下心来聆听的时间并不多，她们抢话的时候倒是非常多，这很容易使我感到她们是否认为自己的意见一旦产生就要迅速表达，否则就会被忽略过去，或者被抢话。

因为注意力不容易集中，她们平时工作学习的效率都很低，做一件事情的时候会想起另外一件事情，常常在做一件事情的时候，伴随着焦虑，然后需要通过别的方式来缓解焦虑。但许多边缘人是非常聪明的，智商很高。即便是在这样的情况下，也能够取得高学历，这也是让我很吃惊的地方。

有人说边缘人是创伤后应激障碍，这个我觉得有道理，因为童年时期的被虐待的经历，的确如同梦魇一般，让她们的生命充满着无处不在的焦虑。这样的孩子注意力要能够集中的确不容易，她们得随时提防着被惩罚，随时提防着自己哪个地方做得不好，会让妈妈不开心。因为在那些不安全的依恋形态里面，孩子不得不分散自己的注意力，以便核实和确知自己是处于安全的境地。

（4）

边缘人总是会感觉到自己很委屈，仿佛别人欠了她很多心债一样。

这个很好理解，她们的情感需求比一般人更旺盛，而且她们觉得伴侣就应该是天经地义地满足自己需求的那个人。在这里，伴侣通常被投射为年幼时候的那个妈妈，所以，一旦伴侣不能满足她的需求，她就会委屈、伤心、落泪，甚至直接攻击伴侣。

（5）

她们特别喜欢贬低别人。

她们常常会贬低男友或老公，或者和他相关的一切，让他觉得自己毫无价值……

她常常在语言上虐待他，把他说得一无是处，或者骂他的某个过错到极点，这个时候，她内心充满了施虐的冲动。然后，他也会离家出走，这个时候她会慌神的，她会幻想他在暴雨中出了车祸，然后回不了家了，或者遇到什么危难，导致身体出问题。然后，她开始自责，开始痛恨自己为什么要折磨他，她开始拼命地吃东西，缓解自责，甚至拿水果刀来划自己的手臂……等到他平安回来的那一刻，她紧紧地抱住他，仿佛再也不要离开他，他是她的生命，他是她的一切……

每一次她折磨他之后，他们都会非常甜蜜地度过一段时间，然而，过不了多久，一切都会重蹈覆辙……

　　因为时常感觉到自己很委屈，而边缘人又不会采用压抑这样高级的防御机制，所以，一旦感觉到委屈，她们会通过话语或者行动立刻爆发出来。她们无法控制自己的情绪，延迟满足。

　　攻击性常常表现在贬低、侮辱、歧视、轻蔑、拿对方和别人去做比较等刺激对方自尊心的言行上面。所以，一个男人和边缘人在一起的时候，常常不会有正常的性功能，因为这些话语足可以"阉割"一个男人。除非这个男人是一个可以涵容和驾驭她的人，否则他一定会在边缘人这里失去自己的尊严。

　　（6）

　　偏执分裂是其病理核心。

　　年少时候我们得到的对待，往往成为我们怎么去理解世界的感知模板。如果一个孩子没有被很好地保护，她可能会觉得这个世界非常危险，对世界充满了敌意。

　　为了继续防范外界对我的伤害，所以我要保护头脑里好的部分，这样，好和坏就被分裂开来了。

　　在她们的认知层面，会表现出如下病态的核心信念：

　　其他人是充满恶意的，不能被信任的，他们将会遗弃我或者惩罚我。

　　我将永远孤独，你们最终都将会离我远去。

　　我是不可爱的，我没有价值，没有人会关心我。

　　（7）

　　她们大脑里随时会出现自动化的负性评判。

　　所有的心理疾病患者都是不良评判的受害者。

　　当一个人被打或者是被骂的时候，总是因为抚养者对孩子的言行有一个评判的结果：你这件事情做错了，所以我们要打你；你那件事情搞砸了，所以我们要骂你……你怎么这么笨，这么愚蠢……久而久之，孩子会内化抚养者的这些评判，并且带着这些评判走天下，哪怕出国也一样，父母的评判如影随形，形成一个严厉或者严苛的超我，时刻监督着这个人的一言一行。

所以边缘人的内心住着一个非常严苛的父母形象，这固然是其焦虑的来源，但同时也是她对待别人时候的一种常规态度。当然，这也会成为她在自己做事时候的自动化负性评判。

在辩证行为疗法里面，有很多去负性评判的冥想方法，可以指导边缘人一步一步走出这样的不良评判。但是因为边缘人习惯性地无法听从指令以及注意力难以集中，所以这些冥想，如果能在专业人士的帮助下进行，效果会更好。

（8）

她们和父母的关系非常纠结，如同摇摆在共生期和实践期的孩子一样，既想要和父母分离，但是又无法做到分离。因为妈妈不喜欢一个独立的孩子，所以每当她们要独立的时候，都会充满了焦虑。

她们会成为机械地孝顺父母的孩子，甚至和父母一直处于共生的关系之中。因为自己的存在很少被父母真实地看到，所以她们在学业、工作和孝敬父母上的努力，都是为了让父母看到自己的存在。

因此，每天该做什么，不该做什么，似乎也是机械的。如果做了该做的，内心就会安定；做了不该做的，内心就会责怪自己。她们身体上似乎安装了一个自动的奖惩机制，时刻都在运行，你说她们能够轻松得起来吗？她们能不焦虑吗？

所以，她们会把自体当作实现某种人生目标的工具，把自体工具化之后，边缘人要面对的是自我的异化和内心对这种异化的反抗。所以，她们的内心常常充满挣扎，也就不奇怪了。

（9）

如果配偶常常出去玩耍，或者在病人身边玩网游，或者沉迷在自己的事业中，病人就会体验到被抛弃。她心中充满了仇恨和报复的想象或者是行动，或者不断发出一些令人困扰的信号，让对方不得不把注意力重新拉回和病人有接触、有连接的状态。

一旦得不到关注，病人的内在世界是不安定的、慌乱的。一个被忽视的、可怜的、无助的自体意象就会出现。

配偶常常无法理解病人这样高强度地黏附着自己，他们会感觉到被控制与被监督，也会试图摆脱病人对自己的依赖，但是这会引发更大的冲突。

当他们受不了了，试图摆脱边缘人的黏附的时候，边缘人还会有更进一步的疯狂举动，比如自杀的威胁。

而边缘人的自杀常常是为了吸引关注或者惩罚配偶。但是，这并不意味着她们的自杀威胁不会真实地发生。

（10）

我曾经给一些边缘型人格障碍患者做过这样的一些客体关系配对。有时候，对其他类型的人格障碍病人，我也会习惯性地去给她们做一些客体关系配对，其实这样的内在配对，在许多普通人的内心也是存在着的，只是程度不同而已。

在这样的一些配对中，我们在想象世界里，时常摇摆在甲和乙之间，举例来说，有时我们是某个配对里的甲，别人是乙。过了些时候，我们又是某个配对里的乙，而别人是甲。在这样的事情发生的同时，可能还存在着我们对别人使用了投射性认同，当然，如果别人认同了，我们的投射性认同就完成了。

第一个配对：

甲：一个做错事、说错话的孩子。

乙：一个严厉的、坚决不饶恕，一定要狠狠地惩罚和报复才能平息怒火的抚养者。

第二个配对：

甲：一个委屈的、觉得全世界都亏欠自己的孩子。

乙：一个曾经伤害、虐待或亏欠过孩子的抚养者。

第三个配对：

甲：一个被利用（被玩弄）的、被剥削的、无助的人。

乙：一个剥削的、利用的、无情的人。

第四个配对：

甲：一个不可爱的、毫无价值的孩子。

乙：一个自私的、不会欣赏、不会赞叹、不会看见孩子的闪光点和可爱之处的大人。

第五个配对：

甲：一个无能的、愚蠢的自己。

乙：一个轻视无能和愚蠢、欣赏聪明的他人。

第六个配对：

甲：一个没人要的孩子。

乙：一个冷酷无情的、随时可能抛弃他人的人。

第七个配对：

甲：一个被过度照顾、关爱、呵护的孩子。

乙：一个慈爱的照顾者。

第八个配对：

甲：一个脆弱的、需要被拯救的孩子。

乙：一个理想化的、无所不能的、全知全能的拯救者。

第九个配对：

甲：一个压抑愤怒、不敢表达负性情绪的人。

乙：一个无法接受愤怒、觉得对方的愤怒后面隐藏着对我不利的元素的人。

第十个配对：

甲：一个随时得提防着被迫害、被陷害或被收拾的人。

乙：一个无所不在的迫害者。

第十一个配对：

甲：一个一举一动似乎都被人看着、无法逃遁的人。

乙：一个有能力遍布罗网、让人无所逃遁的人。

在这些配对中，来访者主要的客体关系都是负面的。唯一的一个正面的配对是第七个配对。但是，这唯一的一个爱的配对，总是受到其他负面配对的毁灭性影响，使来访者在人际关系中体验不到正性的力量。咨询的内容之一，就是一个一个地去为来访者呈现这些配对，配对分析结束的时候，来访者有可能面对一个真实的客体，而不是现在这样歪曲的、病态的知觉客体。既伤害别人，也伤害自己。

我们的自我，一般情况下有行动自我、体验自我和观察自我。这三个自我分得越开，我们的心理就越健康。对于边缘型人格障碍病人来说，在三个自我中观察自我的力量不足，这使得来访者总是嵌入自己的感受之中，无法把自己从强烈的自身感受中抽离出来，用一双观察的眼睛冷静地看待自己在关系中所处的位置。

# 调适你的糟糕心境，有"八段锦"

（1）

在这么多年的临床工作中，我总结了一套调适一个人的糟糕心境，甚至恶劣心境的包括 8 个步骤的方法，我戏称为"八段锦"，分享给大家。

这套"八段锦"，很适合边缘型人格障碍，但是也适合其他人格障碍以及普通人当中比较容易情绪化的人。

还是那句话，边缘型人格障碍病人以及其他类型的人格障碍病人和普通人之间，在面对同一个情境的时候产生的情绪反应大致是差不多的，只是其内在的病理性程度更重一些，所以引起其激烈情绪反应的事件范围要大一些，反应速度更敏捷，情绪强度更大一些。所以，这些调节情绪的方法，对我们所有人都是适用的。

这个"八段锦"主要针对的是情绪化类人格的认知而工作的：

第一，你不可能让所有人都对你的言行完全满意，你总会有让某个人对你失望、生气或者愤怒的时候。

第二，就算是真的惹到他了，他生气了，他的愤怒也不一定是"毁灭"性质的。就是说，他不会因为你说错一句话，做错一件事情，就全盘否定你，就要和你断绝关系。他只是在表达他这个时候对你的气愤，只是对你的某个言行的气愤，而不是针对你的整个人。

第三，他是有权利表达他的不满和气愤的。

第四，任何人的情绪都有一个规律，就是这个情绪有一个升起、高潮、平复、消失的过程，你能够做的就是等待，等待对方把他的情绪消化了，然后恢复和你的关系。如果在这个过程中，你因为感到被对方冷待，很不舒服，要去做点什么来挽回的话，通常都有可能是没有照顾到对方的情绪需要时间去平复。这个时候，你有可能因为感到自己的自尊心受挫而去报复对方，那就可能把事情搞砸。

第五，你对对方的生气那么在意和恐慌，似乎不去做点什么就会忐忑不安，那是因为你觉得对方生气是在否定你整个人，你这个人不值得他再对你好，所以你感到受伤和着急。你并不真正在意对方的感受，你只是担心失去对方对你的在乎。

第六，对方在负面情绪过去之后，一般情况下，还是会和你恢复关系的。因为你们的过往里有过那么多的关系连接，他一定也是在和你的关系里得到过滋养的，否则你们的关系不可能持续这么久。他不可能因为你一时的过失，就轻易地把这个关系终止。对于这一点，你一定要有信心。

第七，如果你自己在关系中容易因为对方的一句话或者一件错事就把对方给否定了，就再也不想见到这个人，那么，你很容易把这样的严苛投射给对方，认为对方也是这样的人。但是，对方不是你，对方不会这么严苛的。对于这点，你要学会去分辨彼此的不同。分辨清楚了，你们闹矛盾的时候，你就没有那么闹心了。

第八，你要调动你内在的那一对有力量的父母来安抚你一句：你是值得被爱的。就这一句话，就可以治疗上面的 7 条里所隐含的创伤。可见，这句话绝对不只是说说那么简单，你要如何才能相信自己是真的会被对方在乎呢？这个就是你生命里最重要的课题。

（2）

在这个"八段锦"里，最重要的核心其实是第五条，第五条如果要归纳总结的话，其实就是一句话：自我中心。把别人的任何东西都拿来和自己扯上关系，也许别人也有他自己解不开的一些情结，在那些点上他也需要慢慢去消化。但是我们就不能让他变脸色，他变脸色就跟变天一样恐怖，那还得了？

在边缘型人格障碍以及在其他任何精神疾病里，都有一个共性，就是这个人很自我中心，一般人叫作自私。当然，我们在这里用到这个词语，并不带道德评判，主要指其认知力有限，注意范围比较狭窄，只能看到自己的感受，无法看到别人的感受。

这一类人也许在物质上不自私，但是在情感上却是自私的，这是能力的问题，不是意愿的问题。我们平常说的自私，说的是一个人可以那样去做，却不那样去做，和我们在这里表达的自私的含义是不一样的。

这类人只能看到自己的感受，无法去看到别人的感受。这里既有习得性无助，也有一种来自互动模式里的短板效应，也就是孩子习得了父母的自私，所以无法学习到体验别人的感受的能力。

还有一种可能性，就是一个人其实是可以去体验到别人的感受的，但是会在无意识层面不去感受那个东西。因为在最年幼的时候，这个人感受到重要他人对待自己的态度里有某种危险的信号，所以在长大以后就习得了不去体验他人的感受。一个人回避这个东西，是因为不敢让自己太多地沉浸在他人的感受里。

自我中心是什么意思呢？就是他人的一切态度都是在评判我，都和我有关。

如果他人生气和我无关的话，我会那么紧张吗？

正是因为把他人的态度都理解成对我的负面评判，所以我才这么紧张；正是因为还在乎这段关系，所以对于在这段关系里被别人否定的痛楚就会袭击我，然后我要么反击，要么惶惶不可终日。

如果你内在很清楚你是谁，你在这段关系里有无可撼动的位置，那么，关系中的那个人生气了，愤怒了，冷战了，对你的影响会有那么大吗？

如果你觉得自己在一段关系里没有位置，那么，他无论怎么做，你都会如同小老鼠一样战战兢兢的，要么就如同小狗一样充满了好斗的气息。

所以，他怎么对待你，真的和他有关系吗？

（3）

在心理咨询的过程中，如果我真的把这8个步骤的内容呈现给我的来访者，就会逆转那些糟糕情绪吗？

对有些人会，对有些人还是不会。不会的那些人，就还有一段漫长的心路历程要走。

但是，这些人要走的那条心路，其实一直都是沿着这 8 个步骤前进的。我们要如何理解一个情绪化的人背后所隐含的东西，也大多在这 8 个思路里。

# 第三章

## 情绪化类人格障碍

自恋型：我和自己的女儿在竞争啥？
反社会：《下课》主人公的人格解读
表演型：我靠别人的目光滋养我

# 自恋型：我和自己的女儿在竞争啥？

吴雨浓，女，47岁，软装设计师。

有一些东西，是我以前从来没有看到过的，也可能是我不愿意去看的，所以被压抑了。而在长程的精神分析中，一些被我忽视的细节开始被我关注到，它们开始如此鲜活地呈现出来。

前一段时间，女儿习惯性地要买鲜花回来插在花瓶中。以前，我们夫妻都喜欢这样做，女儿应该是觉察到了我们夫妻的这个习惯。所以，在她大学毕业，回到我们身边工作后，也开始养成了这样的习惯。

有一次，女儿买回来的桔梗花很快就凋谢了，我在心里说，"你看你，买之前也不仔细地看看，买回来两天就蔫了，浪费钱"。这些指责在她小时候，我会毫不掩饰地直接表达，而现在她大了，我说什么，她都要反过来怼我。所以，对她有什么不满，我都是隐藏着的。

过了几天，我也看到卖桔梗花的，很新鲜，就买了一束来插，我心里想，"我买的这个就比你买的好"。结果，因为天气原因，其实也没有维持两天，还是蔫了。但是，我发现我为了证明自己做的这个决定（挑选这束花以及购买这束花）是正确的，我会很仔细地在每天早上起来以后，去给这束花换水以及修根。

当我对我自己这个行为有所觉察以后，我突然发现，之前女儿每次买来的花，我都是放任自流，没有做到为女儿买的花精心修根以及每天换水。我仿佛在期待着女儿做错事情，然后可以逮着指责她的机会。

我为我自己的这个发现感到惊讶和羞愧，我明白我在和女儿竞争，竞争谁更正确，谁更优秀。

只是，能够把这样的潜意识上升到意识层面，我得需要多么大的内省和勇气啊。

既然我会在女儿24岁的这一年和她竞争，那么，在过去的24年里，这样的竞争一定无处不在。只是，它被隐藏在我对她强烈的母爱之下，消隐不见了。

我一直以为我很爱她，我也为了她付出了许多许多。但是，在潜意识的世界里，在更深层次的精神世界里，其实我们是互相"杀戮"的。

过了一段时间，女儿又买了康乃馨回来。这一次，每天我都认真地给孩子买的这束花换水、修根，所以这束花挺精神，一直开放着，好像不会败的样子。女儿偶尔也会问我们夫妻，这花漂亮吗？我明白女儿也需要我们对她的行为的一个肯定，我当然很肯定地回答女儿，这花真漂亮。

女儿说，因为知道我喜欢橘红色，所以专门选了这个颜色的花。

有一天女儿不在家，我对她爸爸说："这花好像是我们小时候用红绸子扎的假花哦，有一种不真实感。"

每当有朋友来我家的时候，我都喜欢把我养出了状态的多肉植物搬出来让他们欣赏，女儿回家看到就说："妈妈，你又在展示你的多肉了啊。"

有一天，我把我养得很好的一盆刚出状态的玫瑰法师端到客厅的茶几上，让女儿来欣赏，女儿说："我看你的眼球已经掉进这盆玫瑰法师里去了。"我说："那是当然，这些多肉是我的最爱，其他花都已经吸引不了我的眼球了。"

说完我就反应过来，先前对女儿说的"这花（指康乃馨）真漂亮"那句话也只是一句敷衍的话。我内在很难认可我的孩子，那么她无论做什么都很难取悦我，最终的结果一定会是这样的。除非我真的在精神分析的过程中把我自己修通，我能够先认可我自己。

后来，慢慢地，女儿就不再买鲜花回来了。

女儿大学毕业以后，曾经去外省工作和生活了一年。在那一年里，她很有生机，每天上班非常忙碌，还自己买菜做饭，时常把她做的饭菜照片发给我们看。

女儿回到我们夫妻身边的这一段日子，日常生活都是我们在照顾着她，我心里其实是想她有时间的时候，也可以去买菜做饭来给我们"享受"一下。

有一天，女儿精心地为我们做了一餐饭，我虽然是在表扬她，但是其实她做的那个口味，我还是吃不太习惯，所以实际上我吃得没有平时多。后来，女儿也就不再进厨房做菜了。

她在工作上的许多事情，我也要给出意见，有时候甚至越俎代庖，去帮她补充她专业上的文章的一部分内容，因为我们是一个专业的。

女儿有时候非常反感我的做法，但是有时候，她又依赖着我去帮她解决她的事情。我发现她很矛盾，我也很纠结。

女儿这段时间说她状态不好，没有精神。我感觉也是的，不知道是怎么回事儿，但是又会去想，和我有关系吗？

在我年轻的时候，我就跟我老公竞争，我说什么做什么都要让他知道：我是正确的，他是错的；我是行的，他是不行的。以致我们夫妻关系反复闹僵，我也不断在吸取教训。近几年，我的确不怎么和我老公竞争了，因为我在事业上取得了很大的成就感，而老公的事业基本已经停滞，我慢慢在学会让着我老公。

我没有想到的是，我仍然在和人竞争，而这个人是我的女儿。

现在想起来，我小时候，我妈妈也喜欢和我竞争。但凡我做的事情，没有一件是她觉得满意的，她总是能在鸡蛋里挑出骨头来。每次她那样对待我的时候，我都会感觉到很挫败，我会觉得我什么也不是，我怎么努力，也没有办法达到她心目中那个女儿的标准。

难道现在，我女儿在我面前的感受，和我当年的感受是一样的吗？

有时候，我也能够感觉到女儿在和我竞争。我是提前绝经的，我对这件事情很在意，我认为这会让我的女性魅力大打折扣，我不知道我这种在意有没有传递给她，每次她来例假，都会有过度渲染的嫌疑。我不知道我内心有没有对她拥有这样的女性"专利"的一种嫉妒，也许我会把这个情绪压抑下去，但是，如果我对我的分析师说出这个话题，那么，我想我的压抑还是失败了。

她每次渲染她的例假的时候，都是有她爸爸在场的。她从 13 岁第一次来例假，就不会避讳这个东西，记得当时她是当着她爷爷奶奶以及无数的叔叔姑姑一大家人的面宣布她来例假了。

女儿和她爸爸的感情一直很深，女儿很爱她爸爸，女儿更知道的是，她爸爸对我的感情，无论怎么都在她之上，这是一个怎么竞争也竞争不过的事实，所以女儿选择了向我认同。她本来不是学我这个专业的，最后也选择了我这个专业，并且通过了相关的各种考试。但是，在每一次考试之前，她都会无比的焦虑。

我对我老公对我的感情的确认，也是最近这几年才那么确凿无疑的。以前，我会有确凿无疑的时候，也会有非常怀疑的时候。而到最近这几年，我才开始确信他对我的爱，不会因为我们某些时候闹矛盾而消失。

而女儿就没有这样的幸运了，她爸爸本来就是一个很内向的男人，再加上很多时候对她也比较严肃，所以女儿想确认她爸爸的爱是否确凿无疑，应该是有困难的。

女儿最喜欢我们一家人出去旅游的时候，让爸爸为她拍照。说真的，女儿身上的女性气质比我浓厚很多，明显很多。女儿也比我漂亮，身材也比我好很多，看着女儿在爸爸的镜头下尽情地展现她的婀娜多姿、妩媚可爱，我想，我有一些情绪和感受一定是被我屏蔽了的。

如果，如果，如果我真的对我自己的人格魅力充满信心，我想，我和女儿的竞争应该是会消失的吧……

以前，我妈妈贬低我的时候，我的感觉是不服气，但是我有信心超过她，因为我妈妈终归是旧时代的女性，受到很多东西的束缚，导致她整个人生状态显得非常弱势。而我却不一样，我生活在女性可以出头的年代，又刚好是人到中年，事业也正处于黄金阶段，我女儿要想超过我，在心理上，她会遇到更大的困难。

我明白，要让孩子有发展，我必须给孩子一个超过我的可能性，但是，如果孩子在这个超越上遭遇了巨大的困难，或者我的无意识依然还会因为我自身对于被爱的安全感存在疑虑，而打压我女儿试图超越我的这个部分，她可能就会感觉到面对命运时候的一种无力的状态吧。

## 对自恋型人格障碍的解读与调适

自恋型人格障碍是一种需要他人赞扬且缺乏共情的自大（幻想或行为）的普遍心理行为模式；起自成年早期，存在于各种背景下，表现为下列症状中的5项（或更多）：

①具有自我重要性的夸大感（例如，夸大成就和才能，在没有相应成就时却盼望被认为是优胜者）。

②幻想无限成功、权利、才华、美丽或理想爱情的先占观念。

③认为自己是"特殊"的和独特的，只能被其他特殊的或地位高的人（或机构）所理解或与之交往。

④要求过度的赞美。

⑤有一种权利感（即不合理地期望特殊的优待或他人自动顺从他的期望）。

⑥在人际关系上剥削他人（即为了达到自己的目的而利用别人）。

⑦缺乏共情：不愿识别或认同他人的感受和需求。

⑧常常妒忌他人，或认为他人妒忌自己。

⑨表现为高傲、傲慢的行为或态度。[①]

在精神分析的语境下，其实是拓宽了对自恋人格障碍的诊断体系，很多对于自体意象有不确定感的人，都可能被归纳于这个障碍之下。

我是谁？我是一个什么样的人？我要去做什么？什么东西是我真正喜欢的，愿意为之奋斗的？

---

①美国精神医学学会编著，（美）张道龙等译：《精神障碍诊断与统计手册（第五版）》（DSM-5），北京大学出版社2016年3月版。

如果在一个人的内心，关于这些问题都很模糊的话，他大抵可以被归入自恋人格障碍的范畴。而这个范畴和美国《精神障碍诊断与统计手册》（DSM）的诊断体系就不太吻合了。

在自体心理学的创始人科胡特那里，判断一个人有没有自恋型人格障碍，只需要看这个人有没有出现自恋型移情即可。

什么是自恋型移情呢？有 3 种表现：

第一种是不断地寻找理想化的人。比如希望老公是优秀的、完美无缺的；比如希望父母是精明能干的，完美无缺的，不会被骗子骗的；比如希望自己找的心理咨询师是完美无缺的。

第二种是不断地寻找如同一面完美的镜子的人。这面镜子可以完美地镜映出自己存在的价值。

第三种是不断地寻找和自己志同道合的人，彼此有共同的兴趣，有人可以陪伴着自己做共同喜欢做的事。

吴雨浓，一个长相清秀，很有气质，事业有成的知名设计师。但在她的内心深处，却认为自己并不好看。同样地，硕士毕业的她也认为自己并没有什么真的本事，觉得自己什么都做不好，无论多么成功的事情，她都觉得那是运气好的结果。

在人际关系中，她非常敏感，自己说过的话，她要反复地去想，自己有没有说得不好，有没有给人留下什么不好的印象。她很在乎别人对自己的看法，也从来不敢得罪人，经常违心地附和别人的观点，但在内心又很冲突。不论在家里还是在单位，她都努力做好事情，很害怕别人对她有负面的评价。

婚后，丈夫发现，妻子并不是恋爱时候的那个性格，妻子经常因为他无意之中说过的一句话抓住不放，然后去质问他有没有那样的意思。妻子在外面是很平和的人，但是在亲密关系里面，却把自己的本性暴露无遗。他到后来也懒得和妻子交流了。

望着自己在镜子中疲惫的面容，吴雨浓经常会想：我是谁？我怎么对自己这么陌生？我为什么只能依靠别人对我的看法和评价，才能确认自己是谁，自己是一个什么样的人？

吴雨浓的爸爸妈妈都是重男轻女的人，所以，他们很少关注到她的存在，只是在需要她帮助照顾弟弟妹妹们的时候，才会对她说上一些话，而且，父母经常因为她在照顾弟弟妹妹们的时候犯的一些错误而责骂她、贬低她。父母在贬低她的时候所说的话都是极具煽动和夸张色彩的。年幼时候的她听到那些贬低自己的话的时候，感到非常羞愧，感到被父母描述出来的那个自己怎么会是那么糟糕，她很想捂住自己的耳朵不去听，也很想逃离被父母骂的地方。

成长起来的吴雨浓，除了拼命读书，不知道自己可以用什么方式去获得父母对自己的积极评价。终于，到她考上研究生的那一天，她看到父母改变了对她的态度，爸爸拍着她的肩膀，说了一句"还是你争气"。爸爸那么喜欢的两个弟弟，最后都辍学了。

但是，一切都太迟了，自卑的性格早已经形成，成为她骨子里对自己的所有评价的起点，无论她多么优异，她都觉得自己不行。为了对抗认为自己不行的糟糕感觉，她又继续拼命地努力学习。她的长相其实还可以，但在她心目中，自己就是一只躲在墙角浑身发抖，等待挨骂和责罚的楚楚可怜的丑小鸭。

自恋型人格障碍的人，终生都在寻求别人的认可与赞美，这是他的第一需要。在他童年的时候，父母通常很吝啬对他的表扬与欣赏，而是代之以批评和指责，以为这样更有利于孩子的成长，而且为了不让孩子骄傲，父母习惯性地打压孩子，直到孩子出现了自卑心态，父母也是毫无察觉的。

在亲密关系里，吴雨浓最开始是寻求老公对自己的认同，她的方式是和老公竞争，打败老公，让老公佩服自己，认同自己。这种方式失败以后，她又在女儿那里寻找女儿对自己的认同。但是，因为女儿也没有接她的招，所以，她通过不认可女儿的方式来挫败女儿。

人和人之间，在涉及自我价值感的争斗上，是没有任何的母女情分或者夫妻情分的。我们可以在物质上或者家务上为对方无私地付出，但是，一旦涉及自我价值感，就是你死我活的局面。

为什么不可以双赢呢？为什么非得要你死我活呢？

这是由自我价值感的特性所导致的。自我价值感是一种在社会比较中产生的心理，没有比较，就没有输赢。所以，我们在自我价值感的潜意识的战场上，是六亲不认的。

有很多事业有成的父母，养出一些"啃老"的孩子来。大家都去指责那些"啃老"的孩子，没有人去指责那些为"啃老族"提供金钱和服务的父母，觉得他们很冤，既为孩子付出了许多，还往往换来孩子对他们的不孝。

父母在为孩子付出金钱乃至家务劳动的事情上，自己是可以获得自我价值感的。这个世界上，没有比还有另外的人需要自己才能存活下去，更让人觉得自己有力量的事情了。父母在做这些事情的时候，没有意识到自己的"爽"。只有在孩子没有如同自己期待的那样回报自己的时候，才会来指责孩子。

这个时候，父母是在利用孩子来达成自己的自我价值感。这些父母不管他们取得多少现实层面的成就，内心依然是自卑的。

这个世界上，有四种人际态度，具体来说，假如一个妈妈是这样来和她的孩子互动的：

①我行，你也行。（健康的）

②我行，你不行。（你得依赖我）

③你行，我不行。（我得依赖你）

④你不行，我也不行。（完蛋了）

很明显，这四种心理模式，只有第一种是健康的，而第二种和第三种导致的就是自恋型人格障碍。第二种模式里，孩子将失去被真实和美好地镜映的机会。第三种模式里，孩子无法理想化自己的父母。在第四种模式里，孩子会看不到任何希望。

吴雨浓对待女儿的方式，传递的信息就是：我行，你不行，你什么都做不好，只有我才做得好。妈妈的自恋是病理性的，通过对孩子的贬斥、挑刺来满足自己的自恋或自我价值感，孩子成为镜映妈妈"行"的工具，孩子的人格就垂直分裂，成为一个自恋型人格障碍患者。

还有一些父母，他们表扬孩子是因为要去别人面前炫耀自己养育的孩子是多么的优秀，通过孩子来满足自己的自恋。孩子成为一个镜映妈妈或爸爸的"行"的工具，孩子同样也会成为一个自恋型人格障碍患者。

自恋型人格障碍患者在关系中是很难深入地理解对方的，因为他自己的心灵也有个巨大的创口等待填补。自恋型人格的人，心智多半还停留在 3 到 5 岁的年龄阶段，所以，即便是有了孩子，他也会继续和孩子竞争。

如何调适？

父母和孩子相处，一定要在心底给孩子"预留"一个精神的"位置"，在这个位置上，父母觉得孩子是行的，是有优点的，是值得被爱的。这样的孩子在长大的过程中，就不容易伴随一种无处不在的基本焦虑，觉得自己如同被驱使着要去完成一个什么样的目标，然后获得别人对自己的认同，而这个目标又不是自身诞生出来的。

当然，可以肯定孩子的父母，在心理上是成熟的、强大的。如果父母不是这样的人，就很难为孩子预留下这样一个精神上的位置。

父母在自恋上受到了创伤，往往会把同样的创伤带给孩子。父母对这些创伤的觉察与缝合，有时候就变得尤其重要。

在孩子小的时候，父母要的是一个完美的婴儿和儿童。当孩子不符合父母的期待时，父母会给予这个孩子许多精神上的打击。

在孩子大了以后，往往会用同样的态度去对待父母。他们要求父母是完美的，他们对于父母的言行往往更容易去挑剔和反驳，或者是贬低。他们对外人可能更宽容，然而对自己的父母，就觉得父母不该那么说、那么做。对父母的理想化需求的放弃，也是自恋型人格的人要去面对的一个课题。

最终我们都会明白，父母就是那样的父母，他们可能没有我们想象的那么爱我们，或者，他们在能够给我们爱的方面，其实是比他们自己的父母做得更好，只是比我们期待的那种境界差了许多。他们也有他们自己的许多创伤，也有他们的许多缺点，他们也是不完美的，接纳这样不完美的真实的父母，是自恋型的人走向成熟的必经之路。

在萨提亚的一个冥想中，内容是这样的：你要想象一下你父母才来到这个世界上的时候的样子，他们在年幼的时候，也对自己的人生充满了期待，也希望活出自己期望的样子……接下来，你再想象一下你父母的父母刚出生时候的样子……

听到这个冥想内容的时候，我会流泪，我会变得慈悲。原来，父母也曾经走过我们走过的路，他们并不比我们更伟大、更先知，他们也是肉身铸成，他们也是凡人……

原谅父母，或许是我们必须要走的一条路。经过这条路，我们可以有希望长大、成熟。

# 反社会：《下课》主人公的人格解读

2017 年，一部美国电影《下课》讲述了这么一个故事：

巴特勒先生是格兰登高中的国语教师，他热爱他的工作，敬职敬业，和妻子感情非常要好。他们有一个一岁多的儿子，一家三口生活得其乐融融。

卢卡斯是从弥尔顿高中转学到格兰登高中的转学生，转到了巴特勒老师的班上。在一次交一篇关于奥赛罗的作文的时候，别的同学都只交了几页纸，而卢卡斯交了厚厚的一本书，所以老师调侃地说：你不是在交作文，你是在交论文。

但是，老师在批改作文的时候发现卢卡斯的作文虽然写得非常认真，非常全面，但是观点偏激，立意错误，所以只给了这篇如同一本书厚的作文 B+。

卢卡斯不服气，去问老师为什么不给他 A，老师解释说，B+ 和 A 之间，几乎没有什么区别。卢卡斯激动地说："3.333 和 4 之间的区别非常大，你以为只是 0.7 的区别吗？我是想带着各门功课都是 A 的成绩去上哈佛大学的……"那没有说出来的话就是，我怎么可以容忍自己带着一点点小小的瑕疵去敲大学的门呢？

下课的时候，卢卡斯对一个上课的时候爱讲话的同学说："我注意到你在课堂上话很多，你影响到我听课了，你能不能少说一点？"那个同学最开始很不以为然地说："我想说就说，关你什么事？"卢卡斯回答说："你如果再说话，我就戳穿你的气管，把你的舌头钉在屋顶。"那个黑人大块头同学听到卢卡斯这么说，再看到他的眼神的时候，他的潜意识告诉了他，这个人真的会这么做的。随后在课堂上，当女同学和他说话的时候，他拒绝了和女同学说话。

巴特勒一开始还蛮喜欢卢卡斯的，回家对妻子说起这名学生，喜悦之情溢于言表。但是，随后发生的事情让他大跌眼镜。

在学校的国际象棋俱乐部里，同学亚历克斯说"将军"的时候，脸上露出非常开心的笑容，而这个时候卢卡斯的脸色变得很难看，眼睛射出一道带着血腥的光来。随后，他冷静下来，用一枚棋子轻蔑地"踢"开了同学的棋子，走到一个位置上，然后出其不意地反胜了这盘棋。巴特勒和周围的人看到这个非常精彩的结局，都为卢卡斯鼓起掌来。

巴特勒是这个俱乐部的主席，所以就宣布："第一种子，亚历克斯；第二种子，卢卡斯。"卢卡斯听到巴特勒这样宣布的时候，马上反问："对不起，巴特勒先生，你说我是第二种子？"巴特勒回答说："没错，伙计。"然后，卢卡斯很不服气地反驳说："我刚才明明把亚历克斯打败了……"

在随后的化学课上，卢卡斯通过做手脚，让亚历克斯在实验的爆炸中受伤住院。

卢卡斯在得知巴特勒老师要竞聘教授职位时，偷偷地把老师精心准备的竞聘文章给调换了，那篇调换上去的文章粗俗浅薄、自恋自大，注定了巴特勒的晋升之路一定会失败的，事实果然也是如此。拿着被打回来的文章，巴特勒对比之前卢卡斯写的那篇论文，发现了其中的蹊跷，顿时明白此事和卢卡斯有关。

于是，巴特勒先生就找卢卡斯谈话，问他是否调换了自己的申请文章，卢卡斯矢口否认。巴特勒指出他是因为学分才这么做的，卢卡斯就说："我是得在大学申请单上保持完美的学分记录，往前走，大家都开心。"

巴特勒先生于是问："如果我不给你A呢？"

卢卡斯说："你知道我对《罪与罚》最大的批评是什么吗？（犯罪）成本太低了，拉斯科尔尼科夫，他是个孤家寡人，他没什么可失去的。（如果你再继续坚持不给我A）我总能创作出一本书，更吸引人，当主角失去一切时，才会知晓……"

　　巴特勒在和卢卡斯的对话中感觉到了强烈的威胁，于是去找卢卡斯的爸爸沟通。但是这个爸爸似乎是一个混沌的爸爸，把巴特勒撵走了，并且在口误中提到了一个名字：加勒特。

　　巴特勒找到卢卡斯以前就读的学校里一个叫加勒特的老师，加勒特很悲哀地说道："我教卢卡斯历史课，前进的欧洲这一课，他针对纳粹德国写的论文，说希特勒的目标崇高而完美，只是方法有点不对。这是一篇观点非常扭曲的论文，所以我给了他B。

　　"我曾经好心地给卢卡斯找住处，结果他恩将仇报，偷偷地把我和我的高中同学做爱的场景录像，然后威胁我说要把他的成绩改成A。否则他会拿录像向校方告发我。我被逼无奈，把他的成绩改成A，打这以后，我开始崩溃，不想再教书育人，后来我辞职了……"

　　在巴特勒和加勒特的对话里，巴特勒显然还没有意识到卢卡斯的反社会人格特质，而是评价说："卢卡斯还是个孩子，我不明白我怎么会被一个孩子欺负。"

　　加勒特显然已经意识到了卢卡斯的反常人格特质，说这类人就是自我膨胀，为了自己的目标，专门伤害别人，得到他想要的东西。卢卡斯不是恶霸，卢卡斯是神经病。

　　加勒特的关于卢卡斯是个神经病的判断，显然是对曾经栽在卢卡斯手上的一段人生经历的痛心总结。然而巴特勒没有意识到卢卡斯的问题属于心理问题，而是继续按照与一个正常人的相处之道来理解卢卡斯的言行。

　　倔强的巴特勒坚持不向卢卡斯屈服，继续在下一次的评分中给了卢卡斯一个"F"。

　　这个F彻底撕碎了卢卡斯的自恋。他在家里打开了自己的评分信函，看到F之后，他狂乱地把卧室里的东西到处摔。随后，一系列的阴谋继续上演。

　　一开始，卢卡斯让自己的好朋友贝卡去勾引巴特勒老师，试图让老师身败名裂。但是巴特勒老师没有为贝卡的勾引所动，卢卡斯的计划失败。

　　但卢卡斯不会放弃，他对贝卡说他听到巴特勒夫妇准备离婚，巴特勒喜欢的人是贝卡，贝卡似乎是一个"傻白甜"，她每次都很轻易地就相信了卢卡斯的话，继续去勾引自己的老师。这一次，卢卡斯在教室里安装了录像设备，可惜巴特勒还是拒绝了贝卡。

卢卡斯把贝卡叫到天台，引导贝卡写好一封关于和巴特勒先生之间情感纠葛的书信之后，残忍地把贝卡推下天台摔死了，让大家以为贝卡是因为巴特勒而死。

警方介入之后，最终真相大白，巴特勒这个时候开始意识到卢卡斯的危险性。他反复地对卢卡斯说："如果你再靠近我和我的家人，我直接杀死你。"

可惜，他还是没有对反社会人格障碍的人的本性有一个正确了解。他们夫妻相亲相爱，正准备共浴爱河之前，巴特勒去浴室洗澡，就在这个工夫，卢卡斯杀死了他的妻子，并且把他的一岁多的儿子带到了教室，准备杀死这个婴儿。

巴特勒急忙赶往教室，看到卢卡斯已经接近疯狂，他数次举起利刃准备杀死婴儿，却又数次停下，直到巴特勒冲上去夺下利刃，警方赶到……

## 对自恋型人格障碍的解读与调适

反社会人格障碍这个名称几经变换，它曾经还有一个名字叫作"精神变态"，也有人叫"冷血症"的。而反社会这样一个名字，似乎带有一定的政治色彩，因而有可能错过了对这类疾病的核心实质的描述。

反社会人格障碍是一种漠视或侵犯他人权利的普遍模式，始于 15 岁，表现为下列症状中的 3 项（或更多）：

①不能遵守与合法行为有关的社会规范，表现为多次做出可遭拘捕的行动。

②欺诈，表现出为了个人利益或乐趣而多次说谎，使用假名或诈骗他人。

③冲动性或事先不制订计划。

④易激惹和攻击性，表现为重复性地斗殴或攻击。

⑤鲁莽且不顾他人或自身的安全。

⑥一贯不负责任，表现为重复性地不坚持工作或不履行经济义务。

⑦缺乏懊悔之心，表现为做出伤害、虐待或偷窃他人的行为后显得不在乎或合理化。[1]

这类心理疾病的核心实质是什么呢？其实就是极端的自我中心，狂妄，眼中毫无他人的感受，蔑视他人，把他人当作低级动物。设计陷害和操纵他人，是他们的家常便饭。

在目前的分类学中，这十多种人格障碍里面，最危险的就是反社会人格障碍了。因为他对自己目标的盲目坚持以及对他人感受的完全漠视，都可能导致他在实现目标的过程中，随时可能无情地铲除或者杀害影响他目标实现的人。

没有和他们深入接触之前，这类人通常会显得比较迷人和有魅力，因为一个有着自己坚定的目标并且信誓旦旦地要去实现的人，总是给人一种充满信心的迷人印象，一些女孩会不知深浅地爱上这种人。

但是，和他们真正相处在一起，那种完全被漠视的感觉会把一个人的人性摧毁，比如他们可能根本不会对配偶说自己要去哪里，就一个人离开家出去一段时间才回来……所以，女方最终可能会选择离婚，而能够顺利离婚的人是幸运的。

其实，所有的人格障碍都有一个共同特点，那就是重视自己的感觉，忽视他人的感觉。用自私来形容人格障碍，是因为不理解人格障碍是一种病，这个病的核心就是注意力狭窄，只能看到自己的感受，无法看到他人的感受。自私这样的术语，是属于道德模式下的判断，而在精神病学的模式下，这不是自私，这是属于没有能力兼顾他人的感受。

所以，反社会人格障碍病人，是这十多种人格障碍里最严重的一种疾病，其他的人格障碍病人，多多少少还能考虑到一丁点儿别人的感受；或者在某

---

[1] 美国精神医学学会编著，（美）张道龙等译：《精神障碍诊断与统计手册（第五版）》（DSM-5），北京大学出版社2016年3月版。

些状况下，比如讨好型的那几类人格障碍，表面上还是能够照顾到别人的感受的。

而反社会人格障碍病人，连最基本的人际交往的伪装都不需要，他们可以肆无忌惮地表达对他人的不屑和无视。在这一点上，他们接近精神分裂症的位态。因为精神分裂症也是以"消灭"客体为己任的。

所以，反社会的核心是无客体的一种状态，就是他们根本不关心客体怎么想，客体有什么感受，根本不关心自己还需要和客体有情感连接。

《下课》的主人公卢卡斯就是这样的一个人，他根本不关心他的老师巴特勒怎么看待他，那个黑人同学怎么看待他，贝卡怎么看待他，贝卡被推下去摔死是怎样的感受，师母被他杀死是一种怎样的感受，巴特勒失去自己心爱的妻子是什么样的感受……

所有别人的感受在他的"宏伟"目标面前，都显得那么的渺小！

这样的人小的时候是怎样的呢？我说一个例子，你大约就会有感觉：他们会因为化学课上学习到的知识，就去买硫酸来泼在小狗的身上，看着小狗痛苦得满地打滚，他们也毫无知觉，还在那里记录小狗的反应时间。旁边的一个叔叔很惊奇地问他，你知道小狗很痛吗？他会大吃一惊地说：我不知道啊！

他没有撒谎，他是真的不知道小狗的感受的。

这样的孩子，一般都有童年时期被严重虐待的经历，抚养者完全漠视他的感受，所以他认为自己就不该有感受，有感受是一个累赘。如果有感受，他早就被自己感受到的抚养者的杀气腾腾吓死了。所以，与其被吓死，还不如关闭自己的感受。

因此，反社会人格障碍的童年期，其实就有许多和别的孩子完全不一样的经历，只是周围的人没有意识到而已。

卢卡斯的妈妈在他很小的时候就死了，爸爸又是那样不可理喻、情感变化无常、不可捉摸的一个男人，最后竟然因为儿子再次犯罪，就自杀身亡了。这样的一个爸爸不可能给卢卡斯需要的情感上的支撑。年幼的卢卡斯一定遭遇过无数次情感无回应之绝境吧，这样的孩子不得不过早地把自己的感觉通道给堵死，以避免使自己体验到这个人世间的荒漠之气。

一个无客体的孩子，为什么需要各门功课都很完美呢？他完美给谁看呢？

这使我想起法国电影《香水》的主人公的遭遇，那同样是一个无客体的男孩，那么，制作完美的香水是为了什么呢？

这其实就涉及同一个问题：自我救赎。

一个在人世间几乎快要和所有人都中断联系的人，其实本身就是一种象征性的死亡状态。为了把自己从死亡的边缘拉回来，他需要一些介质，这些介质就是那个完美的目标。如果我足够完美，是不是还有一条路，可以把我从被所有人都忽视和抛弃以及快被遗忘的绝境里拉出水面啊？

卢卡斯把师母杀死之后，劫持了老师的孩子，一个还在襁褓中的婴儿。他挥舞着小刀，数次想对着婴儿扎下去，却最终宁可堕入疯狂，也没能杀死婴儿，这是为什么呢？

从现实层面看，他控制婴儿的行为里，依然还有需要老师给他一个 A 的梦想。而在实际上，卢卡斯在潜意识层面是寄望自己可以如同老师的那个婴儿那样涅槃重生的。如果杀掉真实的婴儿，那么他无意识层面的重生之梦就会被彻底粉碎，这是他下不了手的主要原因。

巴特勒没有能够意识到卢卡斯的破坏性，那是因为他对精神疾病的不了解。卢卡斯这样的人，就很类似我们常说的"冷血人"，面对这类的"冷血人"，明智的做法是避开和他针锋相对。

电影中的巴特勒是一个很有自己个性的老师，他不想变得像加勒特一样，被卢卡斯控制，最终失去了教师的身份，他还想做一个教师。所以他不得不履行教师的职责，该给学生什么评分就给学生什么评分，这样的性格在日常生活中，我们叫作正直。然而，在面对一个反社会人格障碍的"冷血人"时，这个"冷血人"毁掉了他的家庭和后半生的幸福，这值得吗？

和"冷血人"针锋相对的结果，巴特勒得到的是一个注定永远残缺的人生，他的儿子注定永远地失去了妈妈，这是呈现给我们的血的教训。在新闻里，我们听说过有人因为一个电话号码要不到就把人杀了，因为几句话不对，就把一个好看的姑娘毁容了，一个空姐被滴滴的司机给奸杀了……这些被害者通通都不知道，他的对手是"冷血人"。这种人一无所有，他根本不在乎再失去什么了。

和一个不在乎失去的人在一起是多么可怕的事情，我想，这部电影也说得很直白了。卢卡斯真的没有什么在乎的了，妈妈早就去世了，爸爸也自杀了。在这个人世间，他就只剩下对完美的Ａ分的追求了，凭什么要把他这唯一的一条救赎之路给切断啊？

老师家里有幸福，有欢声笑语，有一种弥漫着的温情，卢卡斯一进入老师的家里就感受到了老师家里的这个味道。反社会人格障碍病人还有一个特征是强烈的嫉妒心，别人有，而自己没有的，他就要去摧毁，他要让别人和自己一样，来体验自己过的是什么日子。

卢卡斯每次回到家里，父亲阴沉沉的语调和颓废的表情，还有他家里充斥的一种冷冰冰、毫无人情味的味道，和老师家里温暖的味道是区别明显的。卢卡斯感觉到了这个区别，所以他要抹杀这个区别，杀死师母，当然也是消灭差异性的第一步。

……

卢卡斯的反社会性，只是个人主义价值观的一个缩影，这种价值观的一个潜台词就是：别人的需要无足挂齿。

现代文明的进程把这样的价值观带到了各种文化里面，和各种文明里的陋习结合在一起，推进了反社会这样一种以无情为特征的社会个性的产生。

当家长不注重孩子的感受，只注重分数的时候；当我们过度提倡竞争，而没有去维护一个人的尊严的时候；当一个人对另外一个人的请求无动于衷，给他制造各种障碍的时候；当我们在婚姻中无法看到配偶的感受的时候……这一系列的时刻，我们的身上都流淌着某种反社会的因子。

我说过，用反社会这个词不能真正说明反社会人格障碍的核心。无情和无感受，眼中只有自己追逐的目标，其他人都可以视为追逐自己的目标道路上的棋子或者是绊脚石，才是这类人的人格核心。是棋子就利用和操纵，是绊脚石就铲除。所以，什么是反社会的因子呢？就是我没有办法去看到另外一个人的需要，而且我蔑视那个部分，我不屑于去看到，或者是我没有能力去看到。

没有能力去看到是一个客观事实，这是我之前强调过的，但是，这并不是一个逃避罪责的说辞。只要我们看不到他人的感受，我们迟早都是会给他人带来伤害的，反社会人格障碍不过是其他人格障碍的一种走到极端的表现而已。任何人格障碍的复原，虽然伴随着无能为力，但是，并非是真正的无能为力，只是这个过程会非常艰辛，所以会让人感觉到是他们"不能"，而非"不愿"。

如何调适？

反社会人格障碍的自我调适比较困难，心理治疗对其有一定的帮助，但是也绝非短时间内能够看到效果的。

南希·麦克威廉斯在《精神分析诊断：理解人格结构》这本书里提到：精神变态患者的冷酷无情会不会是对虐待（儿童期虐待以及成人期重现虐待情境）或无法理解情境的一种回应。

罪犯会向司法人员坦白供认，说明即使屡教不改的重犯天性中也仍存有责任感，并能从与人的交往中获益。虐杀犯 Carl 与一位狱警维持了终生的友谊，是因为对方有尊严地对待他。[1]

在这句话里面，其实我会看到反社会人内心仍然存在着一些非常细微的人性的光芒，只要他们存在着一线试图和人产生连接的希冀，那么，把他们从恶的路途拉回正常的路途就会有希望。而这个路途上，我们要做的依然是本着对人性的尊重，即便是对反社会人格这样的充满恶念的人，我们也能够尊重他们作为人和我们共同存在于这个星球上的地位，这是他们能够回归的

---

[1]（美）南希·麦克威廉斯著，鲁小华、郑诚等译：《精神分析诊断：理解人格结构》，中国轻工业出版社2017年12月第1版，第176页。

一个基本前提。

　　治疗精神变态个体的总体目标是帮助来访者逐渐靠近克莱因所提出的抑郁状态，这时候来访者将认识到他人有别于自己，并值得自己去关心。在治疗所营造的持续的、充满尊重的气氛中，随着治疗师逐渐接触精神变态来访者的全能控制、投射性认同、破坏性嫉妒以及自我毁灭等行为，来访者将会发生实质性的改变。从利用语言来控制他人到运用语言诚实地表达，来访者也开始尝试抑制冲动，逐渐体会自我控制的成就感。来访者每一个细微的变化，都是重大的进步，这种进步需要治疗师真诚地、持之以恒地与反社会个体互动，并促使其不断自我暴露。①

　　南希的这段话描述的是使用客体关系理论来为反社会人的改变建立的治疗体系，这个体系为我们理解反社会人格障碍患者提供了一种很好的视角和切入点，也为反社会人格障碍能够在精神分析治疗下好转展示了希望。当然，这需要治疗师能够克服自己身上的某些反社会的特质，真诚地运用自己的反移情和来访者互动。

---

① （美）南希·麦克威廉斯著，鲁小华、郑诚等译：《精神分析诊断：理解人格结构》，中国轻工业出版社2017年12月第1版，第176页。

# 表演型：我靠别人的目光滋养我

明月心，女，32岁。

7岁那一年，她和几个小伙伴一起去上学，她在上学的路上摔了一跤，趴在地上一直哭，不肯起来。其中有两个小伙伴叫她起来，但是她就是不起来，她用一双手捂住眼睛，却拿眼睛的余光来观察小伙伴的动向，发现她们走了，她立马就从地上爬起来了。

8岁的那个夏天，她在家里用一些纱布和绷带把自己的手臂缠起来，然后在上面涂抹上一些红墨水，然后她走出去，在一群群乘凉的叔叔阿姨面前晃过去晃过来的。那些叔叔阿姨看到她很吃惊地问道："月心你怎么啦？你手臂受伤了吗？"她不知道该如何回答，但是回家以后，却因为自己的恶作剧而很开心地笑了起来。

13岁那个夏天的夜晚，她穿着一件白色的公主裙在厂里的灯光球场上跑过去跑过来的，飞一般地跳舞一样跳跃着跑。夜晚的灯光球场人很多，那天晚上其实什么也没有发生，但是那个场景一直在她的记忆之中。因为她那个时候在"收集"别人的目光，她在想别人会怎样看待这个活泼可爱的小女孩，用一种无限的青春活力来展现自己的身体，她一直在用他人的"看"来看自己。这让她兴奋、紧张、愉快，又伴随着一点点羞涩，所以她把这个场景牢固地记忆下来了。

进入高中以后，她迅速成为班里的红人，因为她和谁都可以自来熟，她和谁都可以套近乎，在课间和体育课上，她很活跃，忙着和许多人做朋友。在她的毕业留言册上，她的朋友果然很多。她几乎和班里的大部分人交换了毕业留言册。

在大学期间，她继续保持这样的活跃状态，每天忙着参加各种社团活动，仿佛自己和各种人都能够打交道，也仿佛什么话题她都可以谈上一点。但是，她的话题如同万金油，什么都懂一点，却不深入。

朋友们在一起的时候，她喜欢表达自己的观点，带着哗众取宠的痕迹，希望话一出口，就有"语不惊人死不休"的气场。但是，因为她的夸张，其他人习惯了也就无所谓了。

在活动中，她总是要成为活动的焦点，如果没有人关注到她，她会感到很不安。

她不间断地带不同的男朋友回寝室来，她已经换了好多个男友了。

她和那些男友之间的关系，也是像蜻蜓点水一般的，她仿佛只是为了证明自己可以吸引男人。当那些男人拜倒在她的石榴裙下的时候，她就会抛弃他们。她喜欢看到他们很难过的样子，她喜欢看到他们的怂样，他们越难过，她心里就会越得意。

偶尔她会用自己的身体去勾引其中的某个男生，当那个男生表示饥渴难耐的时候，她就流露出坚决不会和对方发生性关系的处女立场来。

失恋的时候，她会连续地听一些很伤感的歌曲，有时候会一个下午单曲循环地听同一首歌，然后眼泪一直流，瞳仁呆呆地凝视着一个地方不转移。那个样子，好像这个世界都欺负了她一样的。

有时候她的疗愈方式是追剧，没日没夜地追剧。那部连续剧看完之后，她还有可能无法从那个悲剧的结局中走出来，焦虑、失眠、抑郁，是她的家常便饭。

后来她终于堕入爱河，和一个她爱得死去活来的男人结婚了。与这个男人恋爱和生活的时光里，她度过了好多作秀一般的惊险刺激的日子，不，应该叫游戏。

她需要他时刻都能够关注到她，否则她会买酒来，一直喝到酩酊大醉，瘫软如泥，倒在地上。他来扶她的时候，却怎么也扶不起来，他发现自己不得不时刻关注着她。

怀孕的时候，她写过两篇日记：

### 第一篇：某年8月29日

我真没想到事情会变化得如此之快，我正准备投入到某个项目上去，并告诫自己要珍惜他的爱时，我突然发现自己又怀孕了，月经不来、恶心、呕吐、四肢无力等症状开始袭来。

我开始默默地做着各种准备，找来所有的书，为生一个健康的孩子做准备。因为是意外怀孕，所以我提心吊胆了许多天。首先是去找一个行家，确定我之前吃的粉肠是不是母猪的，吸烟我也只吸过两支，况且我根本是作秀，没有把烟吞下去，问凯丰喝过酒没有，凯丰也否认了。最后只剩下是否属于避孕套漏了而怀孕的疑点，因为这样的话，这个孩子的优秀程度就要打折扣了，医生听我说了也建议最好是不要这个孩子。但是我心里清楚，我已经没有选择了，我有习惯性流产的病史，能够怀孕都很不容易了，所以我一定要生下这个孩子，我要做妈妈。这是我犹豫了许多天之后的一个结果。

我完全没有想到的是，凯丰对此竟然一点反应都没有，最后一次"关心"地讨论了一下我的月经日期是7月25日，之后，他就不再过问了，他从来不会问一下：你难受吗？这个孩子该不该要，再去找熟人问详细点好吗？作为孩子的父亲，他做出一副与他无关的样子，继续玩牌、打球、看电视，丝毫不理会我明显的妊娠反应，甚至我昨晚问他那些天喝酒没有，他也只是回答即止，也不多问问我："月心你已经确定你怀孕了吗？"这是从我月经推迟之后他从来没有关心过的话题。

刘凯丰，世间有你这种丈夫和未来的父亲吗？妻子怀孕了，有关怀孕的内容，一句都不会从你口中溜出来！

我生气，也只有苦水往肚里吞，特别容易疲劳的我，仍然时常加班到晚上十点半，叫楼下看电视的你，叫了5声，你都听不见，你难道不知道我很希望你陪我聊聊天吗？

　　天啊，你是一个即将做父亲的人吗？为什么一点都不想和我一起来探讨有关这个新生命的话题呢？

　　我真的把你看清了，从此不再寄希望的男人啊！这就是一个据说是你深爱的女人的下场吗？每天我看着你很开心地去打羽毛球、打篮球，你身体倒是很健康了，我的身体呢？你根本不关心！

　　像我这种情况怀孕的，丈夫都会日夜关心着"保胎"这个首要问题，因为有习惯性流产的病史。但是，他只知道他还有那方面的需要，却不知道自己还需要对自己的行为负起责任！

　　凯丰，你这样气我，你可知道会对我肚子里的小生命造成什么影响吗？
……

### 第二篇：某年 10 月 5 日

　　我不了解自己，人是一个怪物。

　　看着怀孕初期的日记，今天想记日记的心情一下子轻松不起来了。

　　凯丰走了，他又去出差了，同任何一次离别一样，我都很难过。然而今天更加不同，我简直不愿意他离开我一步，是因为自己的身体状况不好吗？不是的，是我对他的依恋。

　　这两个多月以来，我一直像一只弱不禁风的小鸟一样，要依赖着凯丰才可以生存下去，我吃什么吐什么，就连喝口水，都会翻江倒海地吐出来，他都会守着我，然后把我吐出来的秽物拿出去倒了，从来没有看见过他嫌弃我的眼神。而且人家每天要上班，还把一个家收拾打理得干净整洁，里里外外都见他一个人在忙着，对我的照顾，也是一个男人难以想象的体贴。我很感激，也再次认识到除了他不会有别的人这么爱我，我意识到了，彻底地意识到了：我这一生，都将是属于他的了。这是我选择了他以后，这么多年来第一次铁定了我这颗善变的心！

　　这一篇日记，和 8 月 29 日的那一篇日记，如同是两个人写的，面对完全不同的对他的两种评价，我要如何去形容自己的人格呢？

很多时候我都不清楚我对自己的感受和对他的感受，所有的一切都依赖于当时的情景下我的应激反应。事情过了，新的情景如果再次出现，我又会忘记之前保存在我头脑里的关于他的好的或者坏的印象，然后，一切又会照旧。

我知道，妈妈对我在精神上的忽视，养成了我以自己为中心的性格，我很少会为他人考虑，虽然我内心也愿意自己成为一个有牺牲精神的、成熟的女人，但是，我在婚姻里反复地以自己为中心，已经把我对自己的良好形象的设计慢慢地摧毁了。我的一切感受都是最重要的，他都要依着我的感受来行事，如果他不按照我的感受来行事的话，我就会面临如同解体一样的崩溃和愤怒，然后这个愤怒一定会发射出去，如同一把火一样去烧灼他，同时也烧灼我。

我的一切都是最重要的，我要他事事都迁就我的小心眼，失落感太重。被他注重是最重要的，如果得不到，我就会报复和惩罚他，这是一种什么样的人格特质啊？我不太会考虑我能给他什么，相反，他对我一些轻微的不看重都会惹得我顾影自怜，生气愤怒。

这两个月我身体上的反应和虚弱，他对我无微不至的照顾，让我又看到那个被人重视的自己，之前被他忽视的愤怒又被新的感觉所替代。我想，8月的那篇日记里，我还是没有认清他是什么性格吧，他也许就是那样不善言辞的一个人，不会从言语上关心我，但是，经过这两个月，我知道了，他会从行动上关心我。虽然为了照顾我，他一天忙到黑，但是他心情可好了，都是唱着歌在做事，和我之间也是无话不谈，也许是我对他的依赖，让他也看到自己的力量了吧……

这两篇日记的时间，只相差了一个多月。

怀孕的时候，她偶尔听到别人说孕期血糖会偏低，容易晕倒，果然，在大街上走着的时候，她突然身体一软，就晕倒了，但是她还是有部分意识的，她的部分意识支撑着她在倒下去的那个位置上，不会伤到腹中的胎儿。单位里的人马上就通知她老公来接她，那时她已经清醒过来，看到老公着急的样子，她居然大笑。

她的很多情绪并不是根据她的内心出现的，她可以在什么环境下表现什么样的情绪。所以到后来，她的老公发现她的很多表现都有点虚假，对她的热情就降低了许多。

而老公在态度上的这种转变简直是要她的命，所以她继续在一些事情上表现自己夸张的感受。久而久之，老公对此套路也很熟悉了，自然也就无所谓了。

几年以后，老公和月心最终还是离婚了。

承受不住这个打击的月心，出现了一系列的人格解体和解离症状。

## 对表演型人格障碍的解读与调适

月心的爸爸曾经在部队里工作过很长时间，后来转业回到地方上，是一个局级干部，头脑里有一整套"应该"和"不应该"的概念，那些概念似乎是完全无法撼动的。他用这些概念和月心交流的时候，月心感到爸爸是一个机器人，已经被高度异化了。

爸爸很关心月心，然而月心感觉到的爸爸是没有温度的，是冰冷的。每天爸爸会叮嘱月心很多事情，爸爸口中说出来的话，没有一句是错的，但是月心就是感觉不到爸爸的关爱。

这也难怪，在月心小的时候，爸爸是在部队的，妈妈总是在月心面前说爸爸的坏话。爸爸当然不是一个坏人，但是在妈妈心目中，爸爸是一个只关注工作和事业的人，对她缺乏温情和关心，即便是在分居两地的日子里，爸爸的问候也少得可怜。

妈妈于是终日抱怨，心情郁郁寡欢，对月心的关心也非常少。妈妈的目光放在那个看不见她的男人身上。她似乎退行成了一个孩子，时常还需要月心来关心妈妈的情感。

月心就是在这样的家庭中成长起来的。如何去吸引他人的目光，似乎是她生命里的头等大事。

一个人小的时候在家庭中缺了什么，长大以后，他就会去向环境索要，而且是加倍地索要，当环境无法满足他的时候，他就会体验到自体破碎的感觉，比如空虚、抑郁、焦虑、无聊、孤独、乏味、虚弱。为了避免这些感觉，表演型人格的人的策略是和他人紧密地结合在一起，从他人的眼光中寻找自己的存在感。

月心缺的是一种真正关注她存在的目光。爸爸虽然关心她，但是爸爸力图做一个正确的人，这样的人是很难共情到月心的，妈妈的心力全部都在得不到的那个丈夫的身上，所以妈妈无力来关注月心内心的需要。这样，没有一双关切的目光放在这个孩子的身上，孩子的心就会变得很空很空，长大以后，这样的孩子就会成为"吸血鬼"，用尽各种方式去吸引他人关注的目光，以补给自身缺乏的精神食粮。

以前，表演型人格障碍是叫癔症型人格障碍。一种过度的情绪化和追求他人注意的普遍心理行为模式；始于成年早期，存在于各种背景下，表现为下列症状中的 5 项（或更多）：

①在自己不能成为他人注意的中心时，感到不舒服。

②与他人交往时的特点往往带有不恰当的性诱惑或挑逗行为。

③情绪表达变换迅速而表浅。

④总是利用身体外表来吸引他人对自己的注意。

⑤言语风格是让人印象深刻及缺乏细节的。

⑥表现为自我戏剧化、舞台化或夸张的情绪表达。

⑦易受暗示（即容易被他人或环境所影响）。

⑧认为与他人的关系比实际上更为亲密。[①]

据说，表演型人格障碍和反社会型人格障碍是最接近的，他们在症状表

---

[①]美国精神医学学会编著，（美）张道龙等译：《精神障碍诊断与统计手册（第五版）》（DSM-5），北京大学出版社2016年3月版。

现上的重合度非常高。所以，还有一种说法是：同样的症状表现在女性身上，容易形成表演型人格障碍；表现在男性身上，容易形成反社会型人格障碍。

感觉上，这两种人格障碍八竿子打不到一块儿，怎么就扯上亲属关系了呢？而且是近亲。

但是，仔细一想，又觉得其实并不奇怪。他们在自私自利，眼中只有自己的感受，缺乏对他人的感受的感知，冲动，肤浅，情绪化，利用他人，操纵他人方面，还真的是很接近的。

最大的区别可能是：反社会人格障碍病人对人是毫无感情的，他们把有感情视作脆弱和耻辱；而表演型人格障碍病人却特别依赖他人，在这一点上，有和依赖型人格相似的地方。

表演型人格障碍和边缘型人格障碍也有许多症状是重叠的，比如分离焦虑、强烈的情绪化、害怕被抛弃以及非黑即白的两极思维。例如月心的那两篇日记，你会感觉到她描述的不是同一个男人，第一篇日记里的那个男人就是一个十恶不赦的坏家伙，而第二篇日记里的那个男人又是一个天使。

表演型人格障碍和自恋型人格障碍也有比较相似的地方，比如都寻求关注和认可，寻求肯定和赞扬。但表演型病人为了成为被关注的焦点不惜卑躬屈膝，而自恋型人格的人是不会这么做的，因为维护他们的尊严是他们的首选。

表演型人格障碍和回避型人格障碍的相似点不多，但是在对于被拒绝的态度上却是出奇的相似，他们都对别人的拒绝性的态度过度敏感并且灾难化别人的拒绝。回避型的人是躲避掉任何有可能拒绝自己的场合或场景，而表演型的人会努力去讨好，直到被讨好的人对自己和颜悦色，让自己感到安全为止。但是，别人对他们的态度是不可控的，所以他们常常陷入无助，乃至会有惊恐障碍的发作来呈现他们在关系中感到的极度不安全。

表演型人格障碍在对人的依赖性上和依赖型人格障碍病人很相似。

《人格障碍的认知治疗》这本书上有这样两段话：

　　事实上，表演型人格障碍（HPD）患者在与人交往的初期常显得善于交际、友好、和蔼可亲，很讨人喜欢，但随着交往的继续，可爱的成分越发减少，逐渐让人觉得患者要求太多，总是不断地需要别人的保证。如果他们认为有直接被拒绝的风险，就试图采取间接的方式寻求关注，一旦更复杂的方法失败，就试图借助于威胁、强制于人、发脾气或自杀威胁来达到目的。

　　表演型患者致力于获得外在的赞同，认为外在事件比自我的内心体验重要。他们对自我的生活漠不关心，难以从其他人中独立出来，主要通过别人的评价来看待自我。实际上，他们的内心体验迥然，感到很不舒服，回避内省，不知道如何去处理这份不安……①

　　这段话会让我感觉到，表演型人格障碍病人仿佛是一只寄居蟹。他们寄居在别人的目光中，然后通过别人的目光返照回来，看到自己。

　　这其实是一种很可怜的状态，一个人只有把自己给丢失了，才会这样去向茫茫人海中的其他人索要一份认同，别人给和不给，给得了多少，都可以左右他的情绪。

　　而且，表演型人格的人情绪发作起来也是走极端的，要么偏左，要么偏右。在这一点上，和边缘型人格障碍病人很相似。

　　如何调适？

　　扩大自己的情绪知觉。表演型人格的人情绪体验停留在非常简单的层面，他们似乎无法深入地体验自己的情绪情感，所以给人以肤浅的感觉。调适的方法就是要学会观察和聆听自己的情绪情感，然后尽量用细腻的语言去表达自己的情绪情感。当然这一过程如果能在心理咨询师的帮助下进行，病人会获益良多。尤其是每次咨询的时候，尽量集中在一个话题上，把这个话题深入地"挖"下去，不要做发散式谈话，这对于病人的情感体验变得丰富、细腻、很有帮助。

---

① （美）阿伦·贝克等著，翟书涛译：《人格障碍的认知治疗》，中国轻工业出版社2004年版，第169页。

　　学会识别自己内在的需要。表演型人格的人似乎是把自己的双眼安置在别人的身体上，这使得他们过多地关注关系的存续，因而患得患失，忽略了自己真正的需要是什么。调适的方法就是学会识别自己到底想要什么，然后更多地用语言来表达这个部分。

　　学会挑战"离开你，我就活不下去"的人际观念。平时他们就是这样想的，所以他们会把自己的喜怒哀乐过多地和别人黏附在一起。事实上，他们已经不是孩子了，离开了别人，他们照样可以存活。

　　避免过度概括的歪曲认知。他们如果喜欢一样东西，就会表现出垂涎欲滴的样子；他们如果不喜欢一样东西，就会表现出避之唯恐不及的态度，好像爱憎非常分明的样子。他们对待一个人的态度或者对待自己的态度也常常如此，常常在两个极端之间摇摆。改变这种极端的态度需要从调整歪曲的认知着手，在黑白之间总是存在大量的灰色地带，大多数事情都不是泾渭分明的。

# 第四章

## 焦虑型人格障碍

# 强迫型：他过着很机械的生活

李瑞科，男，高中数学老师。

我和他结婚16年了，我今年40岁，他42岁。

最开始的那几年，我对这段婚姻的感受还是挺不错的，他在各方面都很细心地照顾着我，如同我的母亲那样。但是，近年来，随着我的精神分析师和我工作的时间越来越长，我个人意识的某些方面渐渐地复苏之后，我对这段婚姻的感受也在发生变化。

他叫李瑞科，是一个高中数学老师，他是我们这个城市很知名的一个特级教师。他在教学上严谨细致，无可挑剔。每年高考，他带的那个班上学生的数学成绩普遍都很高，所以很多学生家长不断地托关系，要把自己的孩子弄到他教的班里。

他每天早上6点准时起床，然后出去跑步锻炼半个小时回来，给我和儿子做好早点，我们一起吃饭结束以后，他就去学校上班。下午他不需要坐班的时候，会早一点回家，把他在午休时在学校附近的菜市场买好的菜带回家来，做好晚饭，等着我和儿子回家以后一起吃。

他没有一个朋友，几乎很少有应酬，所以他的业余时间全部都在家里。以我对他的了解，他也是绝对不会有外遇的那种男人。

老公人长得也很好看，按理说，嫁给这样的男人，我应该是知足了。但是，事实并不是这样的。

因为，我越来越觉得，我是在和一个机器人一起生活。

他每天晚饭后就到他的卧室里，要么改作业，要么做课件，他总是要忙到晚上11点或者12点，才结束他的工作。工作完成以后，他再开始打扫家里的卫生，我们这套200平方米的两层楼的房子，他可以一直打扫到凌晨1点。

他打扫房间卫生的程序总是固定不变的，这么多年来，我闭着眼睛都知道他在哪个点做哪件事情。

他一般是在夜里11点结束他的工作，这似乎也是有生物钟的；如果是12点结束的话，那一般是第二天要做一个新的课件了。

11:00-11:15，他一般是在一楼拖地，随后上二楼拖地，11:40左右，他开始用帕子抹家具上的灰尘，12:15，他开始刷马桶，12:30，他开始收拾和清洗厨房。随后，他要去杂物间进行一些东西的整理。

在他的杂物间里，堆放着大量我们过往生活里丢弃了的东西。如果是按照我的性格的话，我早把那些东西扔了，有些东西很明显是不会再用到了。但是，对他来说，那是不可能被丢弃的东西，他总是说，谁知道在什么时候会用到这家伙呢？

每天晚上他上床的时间，大约在凌晨1点左右，有时候会更晚。

他这个夜里打扫家里卫生的习惯，并不是一结婚就有的，那个时候他还没有这么教条。

这个习惯出现的时间点，我记得不是特别清楚，大约是在他职业生涯上出现一次低谷的那一年开始的。

那年高考，他那个班的学生成绩创了他职教生涯的最低纪录。他慌了，不断地找原因，我看到他人都瘦了许多。

从那以后，他开始在夜里11点以后打扫家里的卫生。这个习惯已经成为他入睡之前的一种仪式，他不做，就没有办法入睡。

我们曾经找过家政定期来家做保洁，但是，每次保洁走了以后，他都要去检查保洁的工作，而且总是能够找到保洁马虎大意的地方，找到一些工作上的疏漏。所以他就决定亲力亲为来做家里的保洁工作。

说实话，一个中学教师的工作有多繁忙，我是看在眼里的。我看到他这些年有早衰的征兆，头上出现了不少白发，加班工作到半夜，还要打扫卫生，我知道他很不容易。

而且，他每天晚上在家里这样大动干戈地打扫卫生，也影响到我和孩子的睡眠啊。

最开始我对他的这个习惯是抵抗的，因为我有早睡的习惯，我一般在晚上10点上床睡觉。后来我也根据他的工作规律，把入睡的时间改成了晚上的11点，因为我很希望他可以陪伴着我入睡。

但是，从11点再延长到1点，这不是我的生物钟能够接受的。所以，我和儿子要求他先收拾一楼，因为我们都在一楼睡觉。

自从他这个习惯开始以后，我们夫妻几乎很少同房了，因为他上床的时间，我一般早就睡着了。而且，自从他开始在半夜打扫卫生以后，他对性的需求也几乎没有了。

我一般不会主动地去跟他要求同房，而且，我们每天晚上似乎在玩时空交错，我总是碰不到他，他也总是遇不到我，我们就连做爱的共同时间点都没有。

以前，他有在早上醒来时和我做爱的经历，但是，自从他开始在夜里打扫卫生，他早上醒来以后，就再也没有精力和我做爱了。而且，他计划6点起床要做什么，那可是如同军令一样的、雷打不动的一条"铁律"，如果早上醒来还要和我做爱的话，他这条"铁律"就可能被破坏掉。而这对他来说，是一个不能允许发生的错误。

我有无数次对他说，"你不要在晚上打扫卫生嘛，那会影响你的睡眠，影响你的休息，影响我们大家的节律……"当然，最重要的是还影响了我们的夫妻生活。但是，这句话我没有说出来，不知道为什么，我并不想提到这个。

但是，我的话，甚至儿子的话，对他都没有丝毫的撼动，他依然如是，日复一日地为他的工作和这个家的生活"卖命"。

我并不是不想去协助他做点什么，但是，我发现，不论我试图做点什么，最后的结果都可能是他不满意的。比如，我去买菜回来，他会说这个菜没有虫眼，不健康，或者这个菜不怎么新鲜了，或者就是我买贵了；我如果要弄饭吃，他会说，我放的油多了，我放的盐多了，我炒的菜火候不对；我如果去洗碗，问题多半是担心我放洗洁精多了，清洗的次数不够，仿佛他下一次再用到我洗的碗吃饭会中毒一样……

所以我在家里，几乎是什么事情都不做的。这倒是很符合我的需求，因为我在我的原生家庭里，就是什么事情都不做，我已经养成了习惯于被别人伺候的大小姐性格了。老公这样对我，我也乐得清闲。

有时候看得出来他也很累很累，我也会于心不忍想去帮他，但是人家绝对不会给我机会，仿佛我无论怎么做，都只是在给他添麻烦一样。有几次我洗完碗以后，看到他还进厨房收拾了一段时间，我甚至怀疑我洗过的碗，都有可能被他重新再洗一遍。所以我很快就明白了，是他需要去那么做的，那是他的需要。不是我狠心和自私，是我真的没有介入他的预设模式中去的可能性。

还有，每次寒假和暑假，我们一家人自驾出去旅行，对他来说，也会被他变成一个公式。

这个公式是怎么来的呢？就拿上次我们去腾冲玩来说吧：从我们家出发，几点可以到哪个地方，然后在哪一家饭店进餐，餐后还可以赶路多少公里，然后会在哪一家酒店住宿……他都会提前一个月安排好，在网上就把费用都支付好了。问题是，计划不如变化快，我们常常会有一些临时的调整，而这些调整每次都会让他心力交瘁，要么对我们母子俩说话阴阳怪气的，要么直接就生气不理睬人了。

当然，如果一切顺利，就按照他预定的时间和行程去走了，我心里始终还是觉得有哪点不对劲。我喜欢在旅行中可以自由发挥，遇到哪个地方好玩就多待一下，不要有一种紧迫感，好像旅行是为了完成某个计划和目标而去做的事情一样。

而我这样的理念，在他那里是行不通的，他无法理解一个人怎么可以这样随性，如果一切都不能按部就班，对他来说，是一件会让他非常不安的事情。所以我还是能够明白让他接受随心所欲有困难，我试着让儿子和自己尽量去理解他。

当然，和他一起出门也有很惬意的地方。那就是，我几乎不用动任何脑筋，他会把我们母子俩的一切事务安排得妥妥当当，我们只需要玩就可以了。他是我们的司机，甚至可以毫不夸张地说，他还是我们的保姆。

旅途上遇到的朋友会很惊奇地夸我，说我们出门带的东西很齐全，我怎么可以考虑得那么周详，那是因为他们不知道，其实那些东西都和我无关，那是我老公的功劳。你知道吗？每次我们出门，电吹风、风油精、洗护用品，甚至晾晒衣服的绳子……一系列的出门必备，他都会巨细无遗地考虑到，儿子在路上爱吃什么零食，我在路上有哪些东西是必须带的，其中包括我用的卫生巾的牌子是什么，他都从来没有弄错过……

这些地方常常显示出他对我们的在乎，但是我很奇怪的是，在另外一些地方，他脑海里又常常没有我们的存在。比如说：路上碰到一个地方非常有趣，我们想在这个地方多停留一下，他是不会允许的，因为他有既定线路和时间计划安排，如果我们把哪一个计划打乱了，意味着他的旅行方案要全部从头来过……

所以，其实我们的旅行更像是在赶路，在完成计划，我们匆匆忙忙从一个地方到另外一个地方，然后又匆匆忙忙离开那个地方前往下一个地方，好像只是让他过开车瘾一样，这种感觉让我和儿子很不爽。每一次旅行完，都不想再和他一起出门了，但是到下一次旅行来临时，我们又会忘记这种感受，继续和他一起出门。

每次出门，他都会带一两本书，我对他说："出来玩，你就好好地放松一下你自己，平时你就够拼的了，出来都还不放过自己啊。"但是他不会听我的，而且我也有一种感觉，他很害怕浪费时间，比如偶尔堵车，在路上堵上几个小时之类的，他就会把书拿出来看看，路通了以后，就叫我来帮他开车。

我和他在一起这么多年的感觉是，他在厨房的时候，很像是我的妈妈，我妈妈就经常在厨房里忙碌，为我们姊妹几个弄好吃的。所以，每当他在家里很勤劳地做着各种家务的时候，我都会觉得自己是一个被照顾着的小孩，被爱包围着的小孩，很温暖。

但是，在另外的时刻，他又如同是一个我不熟悉的人一样。比如，每当我回家，对他抱怨我们领导在工作安排上有不公平的时候，他就会否定我的感受，然后给我讲道理，说领导这样安排自有他的考虑之类的。那个时候我很烦躁，我不需要他给我讲道理，我只需要他认可我的感受就好了。

最让我对他不满的，是他对待儿子的态度，他时常给儿子讲道理。在他讲道理的时候，我觉得他面目可憎，毫无温情，只是一个机器人。

他有许多规则需要去遵守，比如，每天我们一家三口好不容易坐在饭桌上了，儿子就会开始喋喋不休地说他在学校里发生的事情。这个时候，他就要禁止儿子在吃饭的时候讲话，儿子有时候忍不住还是要说，他就会用筷子去敲儿子的头。

我私底下跟他说过，孩子一天的时间，基本上都在学校，每天回家和我们相处的时间很少很少，能够聊天的时间更少，吃饭的时候难得能坐在一起，为什么你要阻止孩子在吃饭的时候讲话？

他说，吃饭就应该专心吃饭，一边吃饭一边聊天，会影响人的消化功能……

还有他对儿子有很高的学习成绩上的期待，儿子也在他的学校上学，我感觉，如果儿子的成绩不好，似乎会影响他在学校里的名声一样。所以他对儿子的游戏时间严格控制，导致儿子对他越来越逆反，也越来越不爱学习了。这学期，儿子的成绩下滑很严重，他找儿子谈过几次话，儿子都不怎么搭理他……

关于儿子的学习问题，我也和他交流过我的看法，但是都没有用。他本身就是做教育的，他有无数的教书育人的成功经验，他有他自己的一整套思维方式，并且觉得那就是最好的。

但是他忘记了，在班上他面对的是他的学生，在家里他面对的是他的儿子，这个身份是不一样的，从而导致儿子对他的叛逆。一个叛逆的孩子，又怎么可能去听他的道理呢？

在学生那里，他只是老师；在儿子这里，儿子需要的不只是道理，儿子还需要爸爸懂他。如果爸爸不懂他，再多再好的道理，他也不想听，因为儿子对爸爸也有一个期待。

他是学习过教育心理学的重点大学的高才生，但是，面对人性这样复杂的方程式，他显然还是停留在简单计算的阶段里。所以，我越来越不愿意和他交流了。我甚至感觉到，我在这个关系里是不存在的，虽然他把我们母子俩的生活照顾得无微不至，但是，我们的心思他看不到，我们的情绪他是忽视的……

最近这两年，我越来越看清楚我在这段关系里要的是什么，要到的是什么，要不到的又是什么。我在思索，我为什么会在这样的关系里待了16年，我还愿意停留多少年？对我们的关系，我越来越感觉到疲惫，不知道还有没有修复的可能。

## 对强迫型人格障碍的解读与调适

（1）

在这个故事中的李瑞科，就是一个典型的强迫型人格障碍患者。

我们先来看看强迫型人格障碍的诊断标准：

这是一种沉湎于秩序、完美以及精神和人际关系上的控制，而不惜牺牲灵活性、开放性和效率的普遍模式；起始不晚于成年早期，存在于各种背景之下，表现为下列症状中的4项（或更多）：

①沉湎于细节、规则、条目、秩序、组织或日程，以至于忽略了活动的要点。

②表现为妨碍任务完成的完美主义（例如，因为不符合自己过分严格的标准而不能完成一个项目）。

③过度投入工作或追求业绩，以至于无法顾及娱乐活动和朋友关系（不能用明显的经济情况来解释）。

④对道德、伦理或价值观念过度在意、小心谨慎和缺乏弹性（不能用文化或宗教认同来解释）。

⑤不愿丢弃用坏的或无价值的物品，哪怕这些物品毫无情感或纪念价值。

⑥不情愿将任务委托给他人或与他人共同工作，除非他人能精确地按照自己的方式行事。

⑦对自己和他人都采取吝啬的消费方式，把金钱视作可囤积起来应对未来灾难的东西。

⑧表现为僵化和固执。[1]

（2）

强迫型人格障碍是怎么来的呢？

按照弗洛伊德的观点，这类人很明显地表现出和肛欲期固着相关的特征来。比如积攒东西、吝啬、遵守规则，等等。

我倒是觉得用行为主义的条件反射理论，就可以很简单地解释强迫型人格障碍的来源。

就拿李瑞科的成长经历来说吧。

他爸爸是当地的一个领导，对妻子和孩子们是充满了爱的，但是爸爸的性情很暴躁，只要孩子没有按照爸爸的标准来做事，爸爸就常常不问青红皂白，暴打孩子们。李瑞科的几个兄弟姊妹，无一幸免，只是爸爸在打女儿的时候，会手下留情一些而已。

爸爸不仅是暴打孩子，也时常暴打自己的妻子，所以，在孩子们被打的时候，妈妈一般不会去保护自己的孩子。李瑞科常常被爸爸打到屁股开花或者筋骨损伤，几天都不能去上学的程度。

这样环境下长大的孩子，他对于犯错有一种很恐惧的心理，所以他要时常反复地去检查自己有没有犯错，有没有达到权威所要求的标准。李瑞科在备课的时候，充分地体现了完美主义的特点，他会反复地去想，这个细节上要怎么去讲解，学生才能更好地理解这个难点。所以，当别的学校的老师来旁听他课堂教学的时候，对于他的备课水平都是惊叹的。

这就是一个完整的条件反射：犯错——挨打——爱的收回——恐惧——

---

[1]美国精神医学学会编著，（美）张道龙等译：《精神障碍诊断与统计手册（第五版）》（DSM-5），北京大学出版社2016年3月版。

害怕犯错。

另一种解释认为：儿童在其为挣脱父母控制而获得独立的斗争中，会形成攻击性的行为方式。为了防御这种冲动的威胁，儿童会对其加以否认和内化，从而在行为上表现为过于严格地控制自己的行为，并逐渐成为一贯甚至是终生的行为模式。[①]

有一次，瑞科在看见爸爸再次暴打妹妹的时候，有一种冲动，那个时候他已经读高中了，他已经学习了武术，并且学得不错，他有力量了，他很想上前去和爸爸对决，然后保护妹妹不再被打。但是他很清楚，他一旦动手，爸爸很可能不是他的对手，他会把爸爸打成什么样呢？他感觉到他的拳头已经握出了清脆的声音，他正准备出手的时候，外婆拉住了他的手……

他出现每天晚上打扫卫生的习惯，是在他所教的那届学生成绩考差了以后。其实那对他来说，就是一个类似"犯错"一样的事实。这个事实的背后，会有一种想象中的"被打"，在想象自己会遭遇这样的对待的时候，他知道他的条件反射是还击对方。但是，这个对方如今已经是一个虚弱的老人了，而且，恪守孝文化的他也不可能对父亲做出真正出格的行为来。那么，如同"赎罪"一样打扫卫生，是否是一种他能够控制自己的行为、让他觉得"安全"的缓解焦虑的方式呢？

同样是被打的孩子，为什么有一些成了边缘型人格障碍者，有一些成了冲动型人格障碍者，有一些成了强迫型人格障碍者，而另外一些则会成为回避型人格障碍者呢？

他们的亲子互动模式可能是这样的：

边缘型人格障碍：暴打 + 溺爱 + 喜怒无常。

冲动型人格障碍：暴打 + 羞辱。

强迫型人格障碍：暴打 + 赏罚分明 + 控制。

回避型人格障碍：暴打 + 忽视。

---

①钱铭怡主编：《变态心理学》，北京大学出版社2014年10月版，第371页。

当然，上面这些只是我的一个推测，但是我很喜欢通过这样一些关于人格来源的亲子互动模式组合，来预测一下怎样的亲子互动模式，可能导致一个人的人格会有怎样的呈现。

（3）

强迫型人格障碍患者的整套行为模式都好像是在打哑谜，实际上他们也是在表达，只是更像是一种"行为艺术"，而且是一种很抽象的行为艺术。

人格障碍谱系上的这些人的言行，都像是在打哑谜，症状就是他们的谜面，症结就是谜底，可是，你读懂了吗？

李瑞科反复打扫卫生的行为，在述说什么？我很在乎你们，我要把家里收拾好，因为我的爸爸是一个很讲究卫生的人，所以我的妻子也一定是这样的。我不管再累再忙，也要把你们照顾好，希望你们不要抛弃我……

我要把我的教学质量搞到最好，我不希望别人对我不满，对我不满，通常是"暴打"我的前奏。每一次被打，除了身体上的疼痛，还有精神上被否定和被抛弃的痛楚，我不喜欢这样的感觉。所以，我动点脑筋算什么呢？我加班加点又算什么呢？总比"被打"的待遇要好一些嘛……

这里的"被打"，已经是一种象征性的东西了，比如如果教学质量不高，有可能被校长嫌弃和批评，有可能被学生家长嫌弃和鄙视，有可能被学生否定和不满……当然，这都是童年期创伤累积带给李瑞科想象世界的东西，并不是真实世界中会发生的……

他们看起来顽固和无法沟通，实际上，他们是拼命捂住自己的衣服，害怕被打时直击体肤的胆小的孩子。

（4）

和强迫性神经症的区别。

这两个病时常共病，大约有40%左右的共病率，但是，这两个病的区别还是很明显的。

最简单的区别就是：强迫症是自我很不和谐的，他对他的症状非常痛苦，很想摆脱。

　　而强迫型人格障碍病人是自我和谐的，他没有觉得他每天晚上打扫卫生有什么问题，是他的妻子和孩子觉得有问题，他本人是安之若素的。

　　（5）

　　如何调适？

　　①学会表达感受。

　　强迫型人格障碍患者最大的困难是很难把内心的紧张和焦虑用语言表达出来，他们往往通过行为来表达，有时候又通过强迫性思维来表达。

　　②学会倾听。

　　他们也会和人交流，但是，他们在交流的时候只有自己这一方的观点，而不想去听另外一方的观点。这样的武断和专横，像极了当年他们那严苛的父母。他们也学会了以这样的方式来和身边的人对话，而每当这样的对话一开始，就难免遭遇结束或者被冷落的命运，所以，强迫型人格障碍患者的生活，就如同一个话题终结者一般。他总是在自说自话，他以为别人在和他对话，实际上没有人听他说话，他是一场热烈对话的孤独参与者。

　　③学会"犯规"。

　　他们似乎是背负着一个规则的壳在行走的人，这样的规则限定下的他们，自我感觉十分安全，但是，他们是以失去更大范围的自由为代价，来换取一个井底的小范围内的安全。所以，学会"犯规"对他们很重要。

　　只要有过一次"犯规"，并且发现"犯规"的后果完全没有他们想象中那么可怕，他们的强迫性思维和行为，就可能有一个很大的改变。

# 回避型：夫妻不过是彼此孤独的见证者

谢慧珊，女，45岁，她丈夫，徐隽中，47岁。

（1）

每天下班回家，偌大的家中，只有我一个人的感觉，让我很是不知所措。

他在我身边的时候，我就像一个被灌注了正常能量的孩子，我可以安然地做所有的事情，看电视、做蛋糕、绣十字绣、看书，该干什么就干什么，心里很踏实，就算偶尔出门，知道家里有一个人等着我，心里也是很温馨的。感觉他不喜欢我晚归，和朋友们在一起玩耍的时候，我都不敢拖得太晚回家，但是心里也还是乐意有这么一根线在牵着我。而现在，回家的时候，没有了人在家里等着我，感觉是比较冷清的。

昨天请人来家里安装好了电视，家里终于可以看电视了。我才明白电视对于一个孤独的人的作用，当电视里的声音响起，我心里一下子就踏实许多了，因为我在电视里面听到人的声音，是的，是人的声音就可以了，知道这个世界上还有人在陪伴着我，哪怕仅仅是想象中的陪伴，那也比家里寂静的好啊。而且，虽然我在收拾房间，并没有坐在电视机旁，但是，我知道那里面不仅是有音乐，还有人的画面，这就比我只是放手机里的音乐，对我的安慰效果强。

妹妹在黄昏时来我家帮我收拾了一下东西，她走的时候，其实我都希望她可以多待一会儿，这样的孤独恐惧症如何是好。

一旦回到家，到了晚上，我就把客厅那台大尺寸的电脑打开，把里面的电视软件打开，放着最大的声音，才能吃饭或做点别的事情，否则，这个空荡荡的家里，没有一个人陪着我，我会觉得孤独。虽然心中感觉可以做很多事情，在 A 市有事业，有家人，有朋友，有蓝颜知己，但那些都是想象中的人生陪伴者，并没有一个实际的陪伴者，只有他是，而他在某些时候也不是。所以，人最终还是得面对孤独。

突然想到他一个已经离婚的妹妹说的那句话，家里多一个人，哪怕就是在眼前晃晃，也是好的。那是一个经历了长年孤独的人说的。而对我来说，这样的孤独其实还不是真正的孤独，我在记日记的时候，心里是有对象在倾听我说话的，所以这种孤独的感觉下降了许多……

有时候也会问自己这个问题：这个世界上，是男人更惧怕孤独，还是女人更惧怕孤独？这也是一个没有答案的问题。其实，还是看个人的性格吧。他外婆从很年轻的时候就是单身，却很自在地活到了九十多岁；他七十多岁的姑妈，虽然也是很年轻的时候就离婚了，但是一个人也活得很自在。所以，可能孤独对他们那样的家族来说，不会是一个大问题吧？他们调整自己心态的能力远远超过我这样的家族的后人。

其实，和他在一起的时候，我们之间的交流也很少，我们都是那种很内向的人，很不喜欢说话。但是，我心里知道，我们在非言语的层面上有许多交流，而我也很享受和他待在一起的每一个片刻。

有时候想想，如果说我是一个思想者，那么，他可以说是一个生活家，生活的艺术家。和他生活在一起，生活上的事情，我是一点也不需要操心的，他会把一切收拾得妥妥帖帖。他知道超市的哪些东西便宜，哪些东西适合购买。在超市的时候，都是他决定购买什么；家里的花，也是他在用心侍弄；厨房就是他展现爱心的天地。这一切的动作里面，都有一颗浓浓的爱心，这些不是通过语言来表达的，但是这些行为的背后有语言，有他对这个家的热爱，对生活的热爱和对我的关心体贴。

只是，除了这些，我们之间的确很少有语言层面的沟通。

他的很多感受，他都不告诉我，我也许有过忽略他感受的时候。但是我知道，大多数时候我还是会照顾到他的感受的。

很多年前，我们一起开公司的时候，有一天在回家的路上，他一直不和我说话，并且脸色也比较阴沉。一般这种时候，我都能够觉察出，他是对我不满意了，而且如果我去问他，他也不会告诉我。于是我开始了大脑搜索的过程，我想了很久，也没有想出这两天有惹到他的地方。突然间我的腿有点软，因为我一下子想到，是不是他把我们今天收的钱弄丢了？每天我们都会收到几千元现金，之前，他把放在身上的一部分现金弄丢过，那一次，他就是这样的表情。

所以我就去问他，他摇头说不是，但是也没有告诉我，他为什么会有这样的表情。

一直到第二天我才知道，他只是感冒了而已。

类似的例子有很多，他不舒服的时候，都不会告诉我，我感到被他排斥在另外一个世界。

每当这种时候，我会很诧异，难道我平时很不关心他吗？我自问我并不是这样的人，虽然有时候我会大大咧咧的，但是我很爱他，这一点，他应该能够感觉得到。

但是，如果一个人自己很不舒服，都不和另一半分享的话，这算是什么夫妻，什么婚姻？我感到无比的惊诧。

我还观察到，他妈妈也是这样的人，有什么不舒服，从来不会和人说，每一次都是通过表情来表达。然后，她的几个孩子就会慌神一样四下里猜测。

在他们家，每个周末一家人都会在一起聚会，但是，那个聚会，我感到无比压抑，除了他爸爸和大姐夫会表达自己的感受，其他人都不会说自己的感受。他们也许会说许多和工作有关，和家庭事务有关的事情，但是，不会有一句涉及他们内心世界的心里话。所以，虽然每次聚会，那个家里不缺乏美食，不缺乏热闹，但是我还是感到无比的孤独。

我们结婚这么多年了，这种感觉一直让我很压抑。每天我们都会有对话，但是大多数时候都是和某件具体的事情相关的对话，比如你出去散步吗？你要洗澡了吗？吃饭了，但从不会是，你今天想吃点什么？因为这是一个询问的话语，是一个表达关切的话语，这种情感他是不会表达的。虽然我知道他很关心我，但是表达出来，就会伴随羞怯感。

一个屋檐下的这个人不和你交流，然后我们如同两个生活在一起的陌生人。我们只是寄住在一起，但是不发生任何实质的深度的心理互动。

难道是早年恋爱的时光里，他把该说的那些内心秘密都和我分享完了？还是老夫老妻，没有必要再交心了？

每天我都会安慰自己，他对我够好的了，每天去买我爱吃的菜和水果，然后做饭给我吃，有时候连碗都不让我洗。在这些非言语的部分里，我触及得到他对我的宠爱。

但是朋友说："我听了你的故事，只是觉得心疼，我的心很痛，不知道为什么你的故事会让我有这样的反应。也许是你的孤独吧。至于你描述的他照顾你的生活，我只看到一个小孩物质上被满足的时候的感受。但是，精神世界却是被忽视的。"

这不与我妈妈和我互动的方式一模一样吗？从小，我妈妈把我的生活照顾得无微不至，但是，对于我的精神世界，却从来不愿意有一丝的关心，甚至还会践踏它。老公比妈妈做得好的是不践踏我的精神世界，但是却让它荒芜着，从来不愿意踏进去看一眼。

我们没有涉及内心世界的交流，或许我们也没有这样的话题来述说，有时候实在找不到话题，我就把我发现的他们家的每一个人、每一个细节拿出来说，通常他还是沉默，唯恐说多了会犯错一样。

那种时刻，我并不是一定要去说那些劳什子事。我只是觉得，在我们之间，每天都是这样悄无声息的世界，我需要找到一些共同的话题，可以让彼此感觉到有共同语言。

我和他在一起，但是，他和我是在一个屋檐下的两个陌生人，所以，我依然孤独。

因此，我活在一个无比孤独的世界中。我想冲破这一切，但是，我内心没有力量可以这样做。

（2）

回想我们曾经在一起生活的一些细节。

某天下午，我一个人在厨房做蛋糕。其实在这样的时刻，我好想他可以参与进来，但是他历来没有这样的热情，他去玩电脑游戏了。我发现我在那时，有一种说不出的孤独，我知道这种孤独和他无关，也许是心底的旧伤在发挥作用，但是我依然感到很难过。

我的一些女性朋友也有过一个人做事时特别孤独的感觉，这个时候，她们会央求丈夫的陪伴，而丈夫也会停止自己手上正在进行的事情，去陪伴自己的妻子。我曾经对他发出过无数次这样的信号，被拒绝之后，我不再发出信号，但是，每当这样的时刻，我一会儿支使他去帮我拿个插线板，一会儿支使他把烤箱的插头插上，他一定觉得我很烦。但他并不知道，我想要让他参与到我生命的活动中来。

当然，平时我也非常忙碌，没有多少时间陪伴他，所以平时他都是一个人默默地在厨房里做事，我也没有陪伴他，但是他从来不抱怨，也没有希冀我的陪伴。所以我也很习惯他一个人在厨房忙碌，而我在卧室里办公。

好多年了，我们只是一个屋檐下两个孤独的、各做各自事情的人，我们只是共同生活在一起，思想没有交集，灵魂没有碰撞，我很孤独，在他的故乡的时候，尤其如此。所以有时候我会觉得我们彼此是在维持一种假象的相爱状态一样。

一对夫妻没有交流，没有争吵，但是，我内心又有那么多的话想表达，想让对方进入自己的内心世界。但是对方坚决不愿意进入，只愿意和我维持一个表象的互动，并且也只想停留在这样的状态之中。这样的事实，本身就容易让我感觉到自己的存在是一个被忽略的状态，所以我在这种平和的关系之中，会时常感觉到有什么地方不对劲儿。

但是我一直忍受着这样的不对劲，因为支撑着我维系这段婚姻的，是他对我生活上的无微不至的照顾。在那样的时刻，我觉得我们之间其实是不需要语言的，语言的交流是多余的，那样的时刻很美，美到超越了任何语言。

我在他对我的照顾中感觉得到他对我的需要，我在他生命中是最重要的存在，他愿意为了我去付出，而且是心甘情愿地付出，从来没有想过我对他的回报。如果说有，那就是陪伴在他的身边。我知道，他希望我可以一直陪伴着他。

他依然每天出去买菜，做饭，做家务，我爱吃什么就买什么，有时候我觉得这个过程好像是他在喂养我，哺育我。我突然发现，我们之间那么美的夫妻关系，实际上很像是我和我妈妈的某种关系的重现。

每天，我在繁重的脑力劳动之余，会去亲亲他，抱抱他，他也会时不时地来抱抱我，或者咬我的手臂，我的手臂上，到处都是他的牙齿印，每一次我都很痛，然后使劲地抓他，捏痛他的身体来阻止他的咬。但是通常没有用，因为我的力气很小……

每天都会有这样的时刻，我们如同两个小孩子，在这个房间里发生各种好玩的事情。有时候，我会做出各种"奇葩"的走路姿势来逗他笑，有时候，他做出各种奇特的表情来逗我笑。

这一切过程里都充满了小夫妻的打情骂俏，我知道我们应该是叫老夫妻，但是，对于两个心理年龄都还停留在3岁的成人而言，这样的夫妻情趣，也只有我们才能拥有。所以有时候，我觉得我们心理都有疾病，也是蛮可爱的。

其实我心里也清楚，他很沉默的个性，是我嫁给他这么多年来一直如此了，是根本不可能改变的。然而，在我觉得自己想要交流，而他总是沉默的时候，我也是很绝望的。但是在这些打情骂俏的时刻里，也有无数的超越语言的东西存在着。

所以，他是个哑巴又有什么关系呢？在我心情好的时候我会这么想。

但是，我不可能总是心情好。

（3）

在他不高兴的时候，他可以长达半个月甚至一个月不和我说话，不和我亲热，而且如果我不主动的话，他是不会主动的。这个过程时常让我抓狂，我曾经反复地主动与他和好，但是这样反复的主动之后，我会发觉自己很厌倦这样的游戏了。

最要命的是，因为我们是异地恋，结婚以后，时常会因为双方父母的要求而回到家乡生活一段时间。我们就会时常有长达半年至一年的分离，有一次分离甚至长达两年。

在分离的时候，他从来不会给我打电话或者发微信、发 QQ，我对这一点也是忍无可忍，一再地对他表达，"你每天给我发个表情也可以啊"，但是他就不。因为我的职业有一定的危险，我说，"我一个人死在这个城市里你都不会知道"，但他仍然不会和我联系，不管多长时间。除非是我忍不住了，主动去和他联系。

当然也会有例外，那就是我生日的时候，他会发一个问候过来。除此以外，我们之间没有其他任何的节日祝福。

虽然我可以一直主动和他联系，但是这么多年都是如此，心里的感觉还是很不舒服。

他不仅这样对我，也这样对待我们的孩子，孩子如果是出去住校、旅游，他也从来不会和孩子联系。

（4）

今天看到微信上的这么一段话：

"如果一起生活的人没法与自己谈天说地，推心置腹，婚姻不过是彼此孤独的见证者。"

在他那里，有很多时候我感觉自己在被抛弃，他用网络游戏，一次又一次地把我抛弃。所以，我一直在这里打字，只是希望一个孤独的灵魂，有一天可以被一个人看见，被理解，那么这个孤独的灵魂在这个世上就可以在别人的心灵世界里得到安放。所以，自我始终是具有他性的一种存在，这也是一个铁定的事实，而且，我相信我最终可以被看见和被理解。而在他身上，连这样的幻象和幻想都不可能存在，在他内心世界的建构里，又是何其的荒芜？！所以他到那个虚拟的世界里去寻找他的存在感，而且一走就是这么多年，把我和孩子抛弃在这现实的世界里孤独地游走。有时候我们也会努力地试图把他的视线从那个世界拽出来片刻，让他看看我们是多么需要他的陪伴。

自从他下岗以后，他就没有一个朋友。以前的同事和同学，他都回避和他们交往，有时候人家请他一起吃饭什么的，他都是拒绝。他对我说，现在我们社会地位不一样了，经济基础也不一样了，没有必要再混在一起了。

他的手机上，只有几个电话号码，那是他家里姊妹的电话号码、我和女儿的电话号码，除此之外，没有其他人的电话号码。微信上要好一些，多了几个人而已。他朋友圈相册里只有 3 条信息。

无论在生活中遇到任何的事情，他都不会去求人的。求人这样的事情，可能意味着自我价值感的低下吧？还可能是因为内心有一个信念，不会有人真心想帮助我的。

有时候迫不得已，他要去问一下路，但是他回家以后总结了自己问路的经验后说，"我发现那些人总是给我乱指路"。我和女儿听了都很奇怪，因为我们也时常要问路，但是我们没有感觉到有人在整我们。

我们夫妻是同时下岗的，下岗以后，我曾经尝试过做许多经营，每一次我去尝试，他都是反对的，他觉得我做不成功。但我不听他的，在我开门市的前期阶段，他根本不会来帮助我，他宁愿在家里玩游戏，让我一个人在门市里忙活着各种烦人的事务。直到门市开起来，经营走上正轨以后，他才会参与进来，做守门市之类的事情。当然他守门市是非常认真的，每天早上 9 点开门，一定要守到每天晚上 9 点关门，这一点要表扬他。

我们下岗的时候，孩子还小。但是，我就奇怪为什么每一次我要去做某个经营的时候，他都那么坚决地反对，如果按照他的逻辑去生活，我们一家三口早就饿死了。

他们家姊妹多，但是姊妹之间几乎从来不串门，仿佛认定了自己是不会被欢迎的一样。

在早些年的时候，每次我们一家三口坐几天几夜的长途汽车去他父母家，到达的时间一般是早上的 4 点多或 5 点多，他一定要我们三个人在很臭的卧铺车上继续睡觉，等到天亮以后才回家。他说不要那么早回家，影响到父母的休息。

但每次我们一家三口从他的家乡回我父母的家，即便到达时是在半夜，我也会打车回去，因为长达半年或一年的分离，这样的相聚时刻，怎么可能等待几个小时呢？每一次见到我父母，他们都非常高兴，他们会去计较自己在半夜里被我吵醒吗？我相信不会的。但是他心中没有这种信心。其实每次我们一家三口回去，他父母都很高兴，但是，他内在有一个念头在运作，这让他看不到真相。

他和他父母姊妹的关系如同客人，至少在表面上是如此。相敬如宾这个成语，我只在他们家的人际关系上看到了。

在我们家，每个人对对方有什么意见、不满、关爱和温情，我们都会畅快地表达。而在他们家，涉及情感上的表达，都是那么的内隐、含蓄和细微。

我知道我老公的感情世界很丰富、很细腻，照顾人非常体贴入微。其实他们一家人都很相似，他们对待彼此也有着很浓烈的亲情，但是，这些从来不可以在语言上得到呈现。虽然通过行动去表达当然也很感人，可是，我总是觉得缺少了一点什么。

我们生活在一起的时候，他都是无微不至地照顾着我和女儿的生活的，但是，因为他缺乏和我们的交流沟通，他自己的感受很少对我们提到，所以我们很难知道他在想什么。这样缺乏互动让我们觉得我们离他很遥远。虽然在一个屋檐下，但是我们感到和他连接很少，甚至有时候没有连接。

所以，我们有时候会调皮地在他正在看的电视屏幕前晃悠，希望可以把他的注意力收回到我们身上一点点，还有时候是去他玩游戏的电脑前问这问那，希望他不要沉浸在自己的世界里。

他自己是一个清心寡欲的人，没有什么是他想吃的，想穿的，想玩的，或者想要的。所以，他的衣服大部分都是我和女儿买给他的，其他方面的需求，也是我们根据情况来照顾他。

## 对回避型人格障碍的解读与调适

（1）

他兄弟姊妹众多，父母的关系又不太好，时常吵架和打架，他虽然排行老二，是家里的第一个男孩子，但是，他的妈妈却不记得他的生日。

他的爸爸是一个性情暴躁的男人，需要家人对他的服从，一旦他们不能按照他的意志去做的时候，他的拳头就要挥出来，爸爸时常暴打他的妈妈，也时常暴打他们兄弟姊妹。

他爸爸暴打他的时候，妈妈在旁边，一般情况下是无动于衷的，甚至有时候，妈妈会和爸爸一起暴打他。

他的妈妈很少对孩子笑，也很少拥抱孩子，妈妈永远在忙碌，那么多个孩子，那么多头猪需要喂养，还有那么多的手工活需要做，妈妈不可能把注意力放在孩子身上。幼年的他，在外遭遇挫折的时候，回到家里可以扑到妈妈怀里，去撒一下娇吗？很显然，面对这样一个缺乏温度的妈妈，他只能把自己的情绪全部隐藏起来，甚至在某些时候，他还得去安抚那个始终僵着脸的妈妈。

这样的孩子，已经在内在里形成了"我不重要，我是没有价值的，我不可爱，没有人会真正来关心我的想法和情绪，所以，我无须表露，因为表露了没有人回应更羞耻"等核心信念。

（2）

在李小龙老师的一个讲座中，我记下了这么一段话，他这段话原本是关于自闭症孩子的心理来源。但是，我觉得用来解释回避型人格障碍患者的人格来源也是可以的，他是这么说的：

我们可以参考沙利文的这段话，他曾经说过：我们想象一下一个婴儿，他一开始哭，肚子饿的时候——

最好的方式是，他一开始哭，妈妈就给他喂奶。

第二种情况是，他要哭上一会儿，母亲才给孩子喂奶，这个时候，他需要承受一些挫折和焦虑。但是妈妈喂奶之后，那个挫折和焦虑还是能够被消化掉和整合掉，也不至于伤害到他的人格内核。

第三种情况，孩子一直在哭，妈妈就是不给他喂奶，当然，也不一定就局限在喂奶的事情上，只是在这件事情上，包含着满足和挫折的模型。孩子总是需要，哭，妈妈持续地没有回应，然后孩子哭到一定程度上就不哭了。

沙利文解释说，孩子一开始哭的时候，是希望妈妈能够给予他满足，这个时候他的自我对外界是充满期待的，在前两种情况下，孩子能够得到满足，自我就能够保持一个比较完整的结构；但在第三种情况下，外界对他的要求持续地没有回应，为什么孩子变得不哭了？是因为那个时候，孩子本能地知道，我不能再期望什么，我再期望下去的话，我的自我就会崩解，最终会瓦解。这个崩解就好像是我爱上一个人，这个人突然说不爱我了，我们一下子就觉得这个世界崩溃了，其实不是世界崩溃了，是你内心崩溃了，所以你看到的世界是崩溃的。那个孩子为了避免这种持续的期待、持续的失望、沮丧，为了避免陷入绝望，那个最原始的自我崩溃，他会回撤。回撤就是折断对外部的期望，本能地隔断和外界联系的冲动，他再也不去期待任何东西。

就像一个谈恋爱失败的人，失恋以后再也不想谈恋爱了。如果他持续地隔断和外界的联系的话，他所要做的事情，就是保持自己那个与生俱来的自我最基本的内核，不至于完全崩解。但他也不能完全去扩展，他不能再对外界能够给予自己爱和关注保存着希望。失恋给他的教训是，只要他有希望，他就会受伤。

在弗洛伊德的概念里，有一个名词叫作婴儿神经症或者儿童神经症，这个概念的含义就是，最开始的关系模式里我们受到的挫折，会被无意识的记忆所保存，然后应用到今后的类似情境之中。

回避型人格就是这样的，如果有一个对婴儿没有热情的妈妈，那么婴儿会本能地认为，这个世界将不会有人来无条件地爱自己。

第三种情况中，孩子一直在哭，妈妈就是不给他喂奶，也不一定就局限在喂奶的事情上。因为婴儿的哭声里，包含着无数的需要。比如裤子被屎尿糊着难受了；比如我无聊了，需要妈妈温柔的声音来陪伴着我、逗我玩；比如我遇到惊吓的声音，需要妈妈立刻出现来安慰我，等等。最关键的，其实还不是这些需要本身被满足，而是透过被满足的过程，婴儿知道了，自己是有人关注的，有人给予了情感的付出的。通俗地说，就是有人在爱着我的。这样的感觉，才是一个婴儿的心理能够健康地"存活"下来的前提。

但是，妈妈对于婴儿所发出的这些信号是冷漠的，她对自己的婴儿没有什么兴趣。她当然不至于饿死婴儿，但她总是不能出现在婴儿最需要她的时候。

妈妈为什么不能爱自己的孩子呢？因为婚姻的不幸福，因为得不到丈夫的尊重和理解，又或许是得不到婆家的爱和承认，因为经济太过于困顿，因为孩子本身就是不幸婚姻的产物，是把妈妈困在不幸婚姻里的枷锁。也许在母亲的潜意识里，还埋藏着对孩子的恨和冷漠，那么，忽略孩子的感受，忽略孩子的需要，忽略孩子的情感，就是常见的事情了。

还有，大部分的回避型人格障碍病人的妈妈，其实也是一个回避型人格障碍患者。她们内在感受到的是来自母亲的忽略和忽视的原型，没有装着温柔慈爱的母亲的原型，所以她们在对待孩子的态度上，重现了她们的妈妈对待她们的关系模式。

其实，婴儿的感知是非常丰富的，他只是没有语言可以表达，但幼小的他就已经能够知晓，在这个世界上没有人喜欢我，没有人爱我，没有人在乎。我不是妈妈的什么，因为在她那里，我就什么都不是，我只是她被迫无奈，因为没有避孕措施而产生出来的一个生命。那么，在未来的世界上，我又能是什么呢？她是我的来源，连我的来源都不认可和接纳、喜欢我这个生命，欣赏我的独特性，我还能在哪里得到认可、喜爱和接纳呢？那我就放弃了吧。

一个不喜欢自己的人，怎么可能去喜欢别人呢？一个对自己都不感兴趣的人，又怎么能去对别人和这个世界感兴趣呢？这个孩子躲在了这个世界的边缘，看着这个世界里流淌着温暖的情愫，他想要，他其实比任何人都需要，但他把自己包裹起来，远远地看着这一切。

精神分析是没有必要回到过去的，你过去的种种，都在当下活生生地呈现着呢。

回避型人格一般没有朋友，因为他们的内在不相信有人会无条件地接纳自己，喜欢自己，和人打交道会消耗他们过多的防御机制，很累很累。

面对热闹的人群，他们也只是默默地躲避在角落，说话很少，因为他们不相信自己说的话会有人听，会有人在乎。他们很少给别人提出建议，哪怕是至亲，因为在早期，他们发出的很多信号都是无用的，这样的经历导致了他们不愿意再发出信号。所以他们放弃了用语言把自己的内心传递出去的欲望。

（3）

很多人都很奇怪，在那么小的婴儿时期发生的互动模式，怎么可能决定得了眼前的这个人成年后的大部分心理呢？

在年龄太过幼小的婴儿那里，大脑皮质的分化能力非常差，带有创伤性质的事件的影响力，都有可能对这个孩子造成很难挽回的影响。

还有，和母亲的互动方式是在我们最开始接触这个世界的时候，在很长的时间之内，反复地和妈妈互动之后产生的一个被模式化了的东西。

因为和母亲的互动，我们形成了对这个世界上的其他人的假设和预期。因为和母亲的互动时间太久，所以我们潜意识里会认为其他人都会像母亲那样来对待自己。然后形成一种关于人和人相处的固定模式或者叫核心信念，或者叫独特的经验组织原则。

母亲对孩子是嘲讽和讥笑的，孩子就会对别人的嘲讽和讥笑有着难以抵御的敏感和防御；母亲对孩子是没有热情的，孩子对于别人不爱自己的证据，就会特别地敏感；母亲是不在乎孩子的，孩子就觉得，满世界的人都不会爱自己。成年人都是成长起来的孩子，因为他在孩子时期在这个点上受过创伤，他其实是停滞在产生这个创伤点的那个心理年龄了，他是一个巨婴，别看他一把年纪了，但他的心理无法往前发展了。

有一句话是这样说的："很多事情都已经改变，唯有心还停留在过去。"在这句话里，充满着我们的条件反射的泛化和神经症性的防御。我们总是因为害怕受到同样的创伤，所以在类似的事情上，就总是提前和过度地防御，以避免再次受伤。这样做的目的是保护自己，但在这样的防御之后，我们对这个世界就不会有新的经验，我们戴着一副有色眼镜去看待这个世界，还以为这个世界本来就是这个样子的。

精神分裂症患者的根本创伤，一般发生在出生半年到一年；人格障碍患者的创伤，一般发生在3岁以前；神经症患者的创伤，一般发生在3岁以后。遭遇到来自养育者的创伤的年龄越小，容易罹患的精神疾病越严重，在以后，当遇到社会事件的刺激时，曾经的创伤就会被所遭遇的社会事件激活，产生相应的精神疾病。

面对同样的社会事件，在童年期没有遭遇创伤的孩子，不一定就会罹患那样的精神疾病；而遭遇过来自母亲的创伤的孩子，心理脆弱得多，一旦遇到应激事件，就很容易产生心理疾病。

温尼科特提出，对于一个孩子的人格形成来说，影响力最大的，似乎不是粗暴虐待或严重剥夺，而是母亲对于幼儿需求的应答敏感性。关键的不是喂养本身，而是是否在喂养的过程中时刻传递着爱的情绪；不是单纯地对幼儿需要的满足，而是母亲对于幼儿的独特气质所做的独特反应。

那么，一个对孩子没有多少兴趣的母亲，怎么可能做到这一点呢？她即便是在怀抱着孩子的时候，心思也是在别处，或者是在想还有什么替别人加工的差事没做完，或者是沉浸在因为丈夫对自己的粗暴和不体谅而产生的对丈夫的怨恨情绪里，或者是婆家对自己没有爱，而使她甚至怨恨为婆家所生的这个孩子，她甚至会通过报复和虐待这个孩子，来完成对婆家的报复。她完全"看不到"眼前的孩子，眼前的孩子或许就是她的累赘，或许只是一个无奈的产物，而不是一个可爱的、活生生的生命。

幼小的婴儿，也能够从母亲那里知晓这一切，而且这样的知晓能力，远远比一个成人敏感和正确，因为母亲对婴儿的态度，涉及婴儿的生死存亡问题。在最年幼的婴儿那里，第一个敏感的能力，就是判断母亲对自己的接纳程度。这是克莱因理论中的死亡本能的第一个时期，这个时期，母亲对婴儿的态度至关重要。

那么，觉察到母亲对自己冷漠的婴儿，又会怎么样呢？因为母亲再三地错过婴儿的表情，再三地错过婴儿表达需求的哭声，婴儿于是知道这个世界是冷漠的，没有人会在乎他的需要。以后就成为一个神经质地抑制自己欲望的成人，他无法向对方或者配偶提出自己的需求，他无法向这个世界表达他的需要，因为他有一个假设是这样的：我如果表达了，而不能得到对方的回应，那将是可怕的。他们甚至很少直接叫配偶的名字，更谈不上把自己的需要和配偶分享。

在温尼科特看来，成年人的爱是需要相互利用的，双方能遵从自己欲望的节奏和强度，而无须担心对方能否承受。正是对方承受力的坚固、可靠，使得另一方与自身激情建立充分而热情的联系成为可能。

可以简单地表达成：我是可以对你提要求的，因为我相信你是会在乎我的要求，满足我的要求的。

在人际关系中，这样一种简单的互动模式，在回避型人格障碍病人那里却是缺失的，他们失去了对他人提要求的能力，他们抑制自己的需要，仿佛一个非常清高的、无欲的人。他们对于食欲和性欲的需求水平，都比平常人更低。

但是，当亲人忽视他们偶尔说出来的话或表达的意图的时候，他们对那个人的恨和冷漠的处理，却是非常残忍的。他们会很长时间不理睬那个人，以此来表达他们对于被忽视的痛苦和愤怒。

他们时常显得清心寡欲，是因为他们本能地知道，所有的欲望都是虚无缥缈的东西，索要是一种罪，因为得不到的痛苦会掩埋掉自己残存的尊严。所以，他们从很小就学会了抑制自己的欲望。

性欲，更是一种关系的象征，对于回避型人格障碍病人来说，我在关系里感到满足的时候，我是有和你身体连接的欲望的；如果我感觉到我对你来说不重要，或者被你忽视的时候，那么，我是不愿意和你发生性关系的，不管冷战多长时间，我都没有这样的兴致。因为你对我的忽视，唤起了我最原始的创伤，那是一次次和死神擦肩而过的经历，我宁可离你的身体远一点，我也不愿意再次体验被人忽视的痛苦。

但是，因为他们内在有那么多被忽视的点，所以，他们在亲密关系里很容易看到对方对他的忽视，从而忽略对方很多非常在乎他的点。

当对方忽略他的需要和想法的时候，他们会很快回到婴儿时期那种绝望的感受中，他们的感情开始回撤，他们开始无时间限制地和对方冷战，仿佛在说一句话：你看不到我的存在，那么，你也死定了。怎么个死法呢？就是和配偶翻脸、变脸或冷战，既然你否定我的意志，看不到我的存在，那你不要和我有关系，我也不想知道你的一切。在我们共同的生活中，我就当你不存在。

来自正常家庭的孩子，遇到这样的回避型人格障碍配偶之后，就会发现，自己在婚姻中的感受非常糟糕，他被对方的冷漠杀死了。这里的"死"都是一种象征意义上的死，在同一个屋檐下，对方不和你说话，不理睬你，当你不存在，你至少在他的心目中，是一个死去的人。当你不存在，那样的手法犹如当年回避型人格障碍患者的妈妈当他不存在那样。

所以，一个正常家庭的孩子和一个回避型人格障碍患者的婚姻，总是充满了无数的暗礁，随时都可能让他们的婚姻之船触礁。

因此，我高度怀疑回避型人格障碍患者是否也等于被动攻击型人格障碍的人。因为他们心上有着一个巨大的创口，所以他们其实根本无法看到别人的存在，他们看到的只是自己的伤口又被撕开了，他们不敢主动地攻击对方，但是会长时间地不理睬对方，来达到惩罚对方的目的。

这就是回避型人格障碍患者在婚姻中经常使用的手法——冷战，他们的冷战，其实不只是用来对付爱人，也用来对付孩子和其他不尊重他们意志的人。他们会收回他们平日里对家人的关爱，代之以冷漠。

在上述解析的基础上，让我们一起走进回避型人格者的内心世界吧。

（1）

我们知道，大部分的人格特质，都有从健康的这一端到不健康的那一端的一个渐进性区域。

具有回避倾向的这样一类人，他们看起来温顺、安静、羞涩、孤独、克己，很符合中国人对于理想人性的倡导里"温良恭俭让"的品行，同时也还符合中国人对于人的"慎独"境界的追求。在他们的生活还比较如意的状况下，他们是人们眼中的好男人或者好女人，人们一般容易对这样的人产生好感，愿意成为他们的朋友。

在单位，他们一般是领导喜欢的那种员工，做事踏实，不骄不躁，不喜欢参与到是非之中。只是在把重要任务交给他们的时候，他们会因为害怕失败而托词推托。

他们如果生活得比较顺利的话，也会有少数的朋友。但是，因为他们早就把自己的心关闭了，所以和朋友之间似乎总是隔着一点什么似的，朋友很难走进他的内心，他对于去探索别人的内心世界似乎也缺乏相应的兴趣。

在他们情窦初开的时候，他们也会把心灵向一个他们觉得稳妥的对象敞开。只是，在恋人成为他们的配偶之后，因为他们自身心理上的问题，他们的婚姻关系的维持总是会遇到很大的困难。

事实上，在他们的内心，并不是不渴望爱和友情，但他们是躲在壳里的人，壳底下，包裹着的是一颗无比脆弱的心，类似于一颗几乎完全裸露，没有任何包衣的心。别人随意的一句话、一个眼神，都可能让他们受到致命的伤害，这样的事实阻隔了他们向往新的友情或者新的爱情的机遇，或者因为自己的过度敏感，在婚姻中要么让自己伤痕累累，要么让配偶伤痕累累。

当这样的人遇到人生中的挫折的时候，他们性格中难以相处的一面就逐渐地显露出来，但是，只是对他们最亲密关系里的人。在外人看来，他们是很普通的人之中的一员，虽然有时显得难以接近、孤独和孤僻，但总体说来，因为和人的距离遥远，一般人依然难以发现他们的性格中有什么难以相处的地方。只有他们的配偶才知道和他们相处时候的滋味是什么样的。

回避型人格又叫逃避型人格，其最大特点是行为退缩、心理自卑，面对挑战多采取回避态度或无法应付。美国《精神障碍的诊断与统计手册》中对回避型人格障碍的特征定义为：

一种社交抑制、自感能力不足和对负性评价极其敏感的普遍模式；起始不晚于成年早期，存在于各种背景下。表现为下列症状中的4项（或更多）：

①因为害怕批评、否定或排斥而回避涉及人际接触较多的职业。

②不愿意与人打交道，除非确定能被喜欢。

③因为害羞或怕被嘲笑而在亲密关系中表现拘谨。

④具有在社交场合被批评或被拒绝的先占观念。

⑤因为能力不足感而在新的人际关系情况下受抑制。

⑥认为自己在社交方面笨拙、缺乏个人吸引力或低人一等。

⑦因为可能令人困窘，非常不情愿冒个人风险参加任何新的活动。[①]

在日常生活中，如果你身边的人有下面的这些表现，可以为你发现一个具有回避型人格倾向的人提供一些线索：

①沉迷于网游或其他游戏，对实际生活中的人和事情并不热心。

②在婚姻生活中缺乏沟通，一旦惹他不开心了，就会持续地冷战，并且对冷战乐此不疲。

③跟他说到任何准备去做的事情时，他头脑里的第一个概念就是"不行"，那一定会失败，并且会找出种种理由来说明可能会遇到的困难。

④他们的情感非常脆弱，对于别人对他们的态度过度地敏感，他们难以承受别人的负面评判。他们看似非常清高，离群索居，实际上是因为害怕别人会对他们造成伤害，那似乎会瓦解他们脆弱的自尊系统。

⑤在实际生活中，他们默默无闻，从来不喜欢表现自己，也不愿意引起别人的注意，他们的 QQ 和微信上，几乎鲜有属于自己的个人性的东西，比如自己去某个地方旅游的照片或者其他普通人愿意去和别人分享的经历。

---

① 美国精神医学学会编著，（美）张道龙等译：《精神障碍诊断与统计手册（第五版）》（DSM-5），北京大学出版社2016年3月版。

⑥他们对美食没有多大的兴趣，一般不会是个吃货类型的人物。其实，说到这一点，同时也可以说，他们对性的欲望同样如此。在生活中，他们对于欲望的等待程度和延迟满足的时间，远远超过一般的人。男人有可能成为婚后的"柳下惠"，女人有可能成为婚后的"小尼姑"。能够坚持很长时间的冷战的原因，也恰恰在于此，因为他们可以把生理上的需要降到最低。

⑦他们和母亲的关系通常不好，和父亲的关系也存在着很大的问题。有的只是文化上的关系，甚至看起来比一般的人对父母更加孝顺，但是，他们和父母之间没有实质性的情感上的爱和亲密关系。

⑧他们的手机上一般只有至亲和少数几个人的电话号码，他们的朋友很少，也不想和更多的人发生联系。

（2）

具有回避型人格的人，具有以下的特点：

认知上的歪曲：我不行。哪怕这样的人其实是很聪明，很有能力的人，他们有可能在别人的领导下做出非常认真细致的工作，但他们很难想象自己可以独立去做成一件事情。因为在他们的认知中，总是有一句话在说，"我不行"。接下来就是找出各种不利因素，来证明那件事情无论如何都不会成功。

这样的人适合在一种很稳定的工作和生活状态之中。一旦生活起了什么变化，工作丢了，饭碗没了，他们很难东山再起。他们要么沮丧、颓废，要么沉迷于游戏。

他们对于别人的话语异常敏感，尤其是批评他们的话语，他们是无法接受的。因为他们的内核里本来就有一个他们无法面对的"我不行"的核心概念，那么，任何批评和指责，都可能把他们拉到"我不行"这样一个事实面前，从而带给他们很大的痛苦。

情感上的歪曲：没有人会爱我。没有人会关注我，在乎我。所以，他们在日常生活中，一般都默默无闻，不表现自己，也不试图展现自己的才能或者个性。这样的性格会让人觉得有一种谜一般的吸引力，对他们产生很沉稳，很踏实的印象。不夸夸其谈，也不做作。其实，这样的人心底是有一种假设的：就算我表现了，也不会有人注意到我，如果我表现了，而没被人注意到，那是多么尴尬和羞耻啊。这里又唤起了婴幼儿时期不被关注的那个原始创伤。

意志上的薄弱：一折就挠，太容易吸取失败的经验教训。这使他们显得缺乏意志品质，其实这和不相信自己能够做成什么事情，是一脉相承的，是有因果联系的。

回避型人格者的妈妈，在孩子成长的早期没有给孩子充足的自我全能感，因为妈妈的情感很脆弱，随时都处于自我修复的过程中，所以无暇顾及孩子的需求。孩子一方面觉得自己不重要，另外一方面，对于自己可以去征服这个世界的信心就丧失了。

比如，孩子哭闹的时候，妈妈很长时间都不去陪伴孩子，都不及时去满足孩子的需求，不管孩子是饿了还是不舒适了。这样反复的互动之后，孩子就会觉得，这个世界很残忍，我要什么都注定不会得到，所以我就放弃吧。

他的个人意志在征服妈妈那里就是失败的，他对于征服其他对象就丧失了信心。所以，一个孩子需要一个具有原初母爱、灌注能量的妈妈，是一件多么重要的事情。

行为上的退缩：在人际关系中的退缩、回避以及在夫妻关系中的退缩和回避，具体表现为无期限的冷战。

（3）

在他们的婴儿时期，他们通过不断地啼哭，希望妈妈知道自己饿了，自己拉便便了，自己无聊了，希望妈妈可以关注自己的需要，妈妈或许是会来的。但是妈妈的服务里缺乏爱的灌注，最后婴儿敏感地意识到，妈妈对自己需要的回应里，有一种叫冷漠的东西，而这种东西对于一个婴儿来说，是一种有毒的东西。所以，这个婴儿从此关闭向他人表达需要的大门，因为在他心中，一旦发出需要的请求，得到的都是伤害。

没有一个配偶可以完全地满足这个巨大的"婴儿"，所以他在婚姻里是肯定会受伤的。如果另一方是一个大大咧咧的配偶，他更是感觉婚姻生活如坐针毡。

　　对方如果没有觉察到他的意图或者是委屈了他，冤枉了他，都会勾起他的原始创伤，他会觉得对方是不是无视自己的存在，是不是想摧毁自己。这里面有自恋受损之后的暴怒，也有在心底里需要释放的恨意，而这种恨意，他认为也可能会摧毁对方。所以，每当对对方有恨意的时候，他宁可选择转身离去，或者长时间冷战。

　　在他们婴儿时期，当妈妈一再忽略孩子的需要时，孩子就不会再对妈妈表达自己的需要，但在内心里隐藏了对这个世界深深的恨意和自己不被他人"看见"的痛楚。

　　这样的孩子在长大以后，终生都需要身边的人"看见"他的意志，一旦别人忽略他的意志，如果说普通人的愤怒反应是3分，他的愤怒反应则是9分。但是，他无法通过语言来表达自己被忽略的痛楚，那么，不和你说话，不和你亲热，对你的事情不管不问，是他们无奈的选择。因为他们的情绪需要一个出口，而这个情绪缓解的时间，要比一般人的更长。

　　当他们这么做的时候，配偶会感到自己被抛弃了，临床上发现，回避型人格障碍病人通常爱和边缘型人格障碍病人组合结婚。所以可以想一想，当边缘型人格障碍病人遇到回避型人格障碍病人，他们的婚姻状况会是怎样的？

　　或者说，一个人原本只是自恋型人格的，但是遇到一个回避型人格障碍的配偶，就可能被逼到悬崖的边缘上。

　　回避型人格障碍患者并非天生就愿意这么伤害人，每一个回避型人格障碍患者的成长背后，都有一段普通人难以想象的情感上被虐待的经历。所以，他是怎么对待配偶的，其实是他妈妈曾经怎样对待过他的再现。

　　因为一个人很难重新建构一种新的人际互动模式，更何况那是在人格形成的关键期和敏感期，日复一日、反复互动的结果。

　　所以，什么叫作"冰冻三尺，非一日之寒"？什么叫作"江山易改本性难移"？这些话都是用来说人格的。

　　回避型人格倾向的孩子在长大以后，一般情况下，是不会向周围的人表达自己的需要的，哪怕在亲密关系里，他们也不会。他们更希望对方是自己肚子里的蛔虫，知道自己想要什么。如果通过语言直接向他人呈现自己内心的需要，那又是一种他们无法承受之重。

（4）

以前，我经常看江苏台的《非诚勿扰》节目，经常发现里面的男女嘉宾会问对方："如果我们之间发生矛盾或争执，你要如何处理？"或者直接就问："你怎么看待冷战？以及出现冷战之后，你要怎么去应对？"

这其实是一个非常好的话题，通过这个话题，可以测试出一个人对另一个人的情感上是否具有回避性质的冷暴力倾向，同时也可以看出这个人人格上的特质。只是我觉得，在这样的话题里，不一定能够得出真实的答案。但是，提出这样问题的人，很可能在他的生活中曾经遭遇过这样的冷暴力对待。从提出这个问题的频率来看，也许回避型人格障碍在我们生活中的比例，远远高于我们的想象。

在回避型人格障碍病人的心目中，有这样一些角色配对：

第一个配对：

甲：一个被忽略的孩子。

乙：一个冷漠的、拒绝性的，很难给出安抚和安慰的妈妈。

第二个配对：

甲：一个被批评、指责的孩子。

乙：一个具有权威性质的、需要孩子来服从自己的父母形象。

第三个配对：

甲：一个不能做自己又很想做自己的孩子。

乙：一个随时会暴打孩子，严厉地惩罚孩子的父母形象。

回避型人格障碍病人很少会到心理咨询室里来，可能是因为他们内在的创伤比其他人格障碍还要大，所以他们对于和人进行连接早就失去了信心，对于自己的改变也丧失了信心。他们偶尔会出现在心理咨询室，那一般是因为他们在亲密关系里遇到很大的困难。但是，他们的脱落率很高。尤其是，如果他遇到一个具有攻击性的治疗师，他很可能在对方的并不那么负面的看法里感到自己即将被对方指责而仓皇逃走，再也不会去治疗师那里了。

而且，大多数时候，他们不会觉得自己有问题。如果不是关系困难的话，本人一般还是觉得内心世界是和谐的。在这一点上，不像其他几类的人格障碍患者。他们宁可就这样孤独终老，清心寡欲地度过他们缺乏生命力的人生，也不会试图去寻求心理咨询的帮助，让自己活得更绽放一些。

如何调适？

回避型人格障碍的人就好像一个缺乏心理能量的人，还能够重新注入吗？

**充分地认识自己**。回避型人格障碍和其他人格障碍有一些不一样的地方，他们是完全能够胜任工作的，而且工作认真负责踏实，且不夸夸其谈；也很会共情别人的感受，他们情感细腻脆弱，为人低调，能够吸引别人喜欢上他们。他们有时候的冷战，其实不是要抛弃对方，只是他们需要为自己的情绪找一个缓冲的时间和空间，而这个过程会比一般人要长一些。身边的人可以给他这个时间和空间，让他一个人舔舐好自己的伤口，他还是会充满能量地回到关系之中的。

**提高自己的自我价值感**。这个可以说是任何心理疾病患者都需要做的一个工作，提高的途径有直接去询问他人对某件事情或者对自己的看法，培养自己在现实生活中的能力和技巧，打破"我什么都做不了"的认知误区。

**扩大认知范围**。在感到别人对自己的负面评价的时候，以往的经验是，他要全盘否定我了，在他眼里，我什么都不是，我只想从这个人眼前消失，从而避免遭遇更大的灾难，即自尊心的彻底破碎。当病人陷入到这样的思维里的时候，他仿佛没有任何能力自救。扩大认知范围的具体做法就是：他现在也许情绪不好，所以说话带有一定的攻击性。但是我并非如同他所说的那样糟糕，他只是否定我的某一个面向，并没有否定我的全部。何况我自己对自己还有一定程度的了解，我不可能是他说的那么糟糕，当他情绪平复的时候，大多数时候还是欣赏我的……

**身边人的理解很重要**。配偶或者孩子如果能够理解他内在的脆弱和无助，使他觉得和你生活在一起很安全，一种心理上的安全，没有人指责他，嘲笑他，而是看重他；那么，他是可以像正常人一样生活和工作的。

# 依赖型：忍无可忍、无须再忍

林珂兰，女，33岁。

她和他谈恋爱的时候，他就喜欢把她拿来和前任对比，珂兰知道，他的前任对他是真的好，复读一年之后，还是考到了他读的这所大学来，继续追求他，而且心甘情愿地为他做很多事情。而这些，珂兰都做不到，和他在一起，全部是他在照顾着她。

他一贯性地打压她的自尊心，按理她会离开他，但是不，她更加难以离开他了。

珂兰长得很有女人味，是那种如同古典诗词一般温婉柔美类型的女孩，所以他也舍不得离开她。

他们一起出去吃饭的时候，她会因为选择哪一家饭店而纠结一两个小时，他熟悉她这个性格，所以都是让她先去选择好，给他打电话之后，他再出来。

点菜的时候，她照样会很纠结，但是他会替她来点，他点的菜有时候是她不喜欢吃的，但是她不会表明。她觉得，只要他喜欢就好。

而他也在猜测她会喜欢吃什么，因为误以为她喜欢吃糖醋味道的，所以，他点了很长时间的糖醋里脊以后才发现，她是装出来在吃。她以为他喜欢吃这个菜，所以一直不告诉他，自己不喜欢吃。而他其实也不喜欢吃这个菜。

她在她家附近的一所大学上学，妈妈还会随时给她送做好的饭菜过来。填报高考志愿的时候，珂兰就充分地考虑到了这个因素，在她的想象里，自己离开了父母要怎么活呢？

在她小时候，妈妈把她送去幼儿园，她会哭上一整天，即便是妈妈在幼儿园里整日陪伴着，她还是会因为担心妈妈离开而号哭。最后不得已的情况下，妈妈只好花高价请了一个有幼儿园经验的老师在家里陪伴这个孩子。

她毕业以后，和男友结婚了。父母早就给她买了一套大户型的房子。她父亲是当地的一名政府官员，她家里甚至还有一套小别墅。

结婚以后不久，珂兰就感觉到了老公对自己的态度上有些许的变化。

他是一个来自农村的孩子，虽然经过自己的努力考上了名牌大学，在珂兰父亲的帮助下，找到了不错的工作，但是，他骨子里是自卑的。所以，他依然还是时常要打击珂兰，让她知道，她在他面前什么都不是。

珂兰虽然在很多硬件条件上都比老公好，但是她不敢在老公面前流露出任何骄傲的神色。别人问起他们的房子是谁买的时候，她都会说，这是我们夫妻和双方的父母共同出资买的。

她在大多数事情上都要征求老公的意见，起因大约来源于在恋爱期间，老公就对她的表现有诸多不满，以至于到后来，老公即便什么话都不说，珂兰都条件反射地知道自己做哪些事情和说哪些话会惹老公不开心。尽管如此，在类似的事情上，她还是吃不准老公的态度，为了避免老公指责她，所以她事无巨细地去请教老公。

老公大约是感觉到自己娶了一个5岁的小女孩，不，只有3岁，所以越发的不耐烦。老公不耐烦的态度，让珂兰更加惊恐，她最大的担忧就是老公不再爱她了。

虽然珂兰人长得好看，身材也好，又是一个官二代，但是在珂兰的内心，她总是感觉一旦别人深入接触自己，就会发现自己身上那种捉摸不到的弱点。为了避免被别人看轻，所以她觉得黏附着老公就好，换一个人的话，不知道那个人会怎么看自己呢。

珂兰开始是去上班的，但是在工作中，她处理不好很多事情，好多细节都会去问人，她似乎不敢一个人做决定，她很怕自己决定了之后犯错。后来领导和同事知道她的性格特点以后，也不怎么把事情交给她做了，珂兰很敏感地意识到自己在单位里的位置不重要了，就辞职回家了。

辞职回家后不久，珂兰发现自己怀孕了。

　　怀孕期间，珂兰发现了老公可能有外遇的痕迹，她去问老公，老公否认了，并找出许多理由来说明事实并非是珂兰想象的那样。珂兰没有进一步求证，因为她很害怕失去老公。

　　老公因为工作的关系，经常要出差。那时候，珂兰一般都是回到自己父母家去居住。不管是否怀孕阶段，她都认为自己缺乏把自己照顾好的能力，而父母和老公会很好地照顾她的生活。

　　老公出差的时候，她时常要打电话给老公，询问老公的行程以及归期。老公在这一点上做得还好，每到一个地方，就给她发定位，告诉她自己的行踪。

　　孩子出生以后，珂兰把大部分的精力都用在了孩子身上，她和老公的性生活一度快要消失了。后来她感觉有点不对劲，才把精力从孩子身上撤回来用在了老公身上，但是她发现，老公对于和她做爱已经毫无兴致了。

　　后来她终于找到老公外遇的证据了，这一次老公没有否认，反而劝她接受现状。理由是，"你看你这么长时间不出去工作，你已经和这个社会脱节好长时间了，你还能够出去做什么呢？你的思想已经停滞好长时间了，你还能跟得上谁的步伐？你如果和我离婚，要影响到你爸爸的声誉对吧？还有，虽然你们家很有钱，但是你没有工作，我有工作，现在收入也不低，如果离婚，我还会坚持要这个孩子的抚养权的，你确定要离婚吗？"

　　听了老公的话，珂兰犹豫了，她后来去请示自己的妈妈，妈妈的想法居然和珂兰的老公一样，劝她维持现状，只要老公不要太出格就好了。

　　珂兰是那种有精神洁癖的女人，她感到自己没有办法接受老公的出轨，但是，老公的话让她很是纠结。离，还是不离，她纠结了一两年都没有结果。

　　老公有对她很照顾和温柔体贴的一面，她离不开老公的这个部分。但是，老公更多的是无视她的那面，她对这个部分已经到了一种忍无可忍的地步了。

　　但是，让孩子成为一个单亲家庭的孩子，是她非常纠结的地方。想到以后孩子要么只能和妈妈生活在一起，要么只能和爸爸生活在一起，孩子的人生终归会有一个缺憾，她就觉得自己是一个罪人，一个弥补不了孩子的缺失的罪人。

但是，老公的心已经出去了一大半了，留在她和孩子身上的已经不多了，这样的婚姻维持下去还有意思吗？

偶尔老公晚上不回家的时候，虽然有孩子和保姆，她还是要去联系老公，催促他回家。醉醺醺回家的老公，一腔怒气无处发泄，对珂兰挥舞起了拳头……

一段时间以后，珂兰抑郁症发作了。最开始是焦虑症，她整夜整夜地失眠，后来，她开始抑郁……

## 对依赖型人格障碍的解读与调适

在心理咨询室里，珂兰总是无助地望着我，希望我告诉她怎么办就好。望着她茫然的表情，我差一点儿就要认同她投射过来的孩子般的依赖性了，所以我及时调整了自己的助人情结。

她并非一个没有感觉的人，但是在面对错综复杂的线索的时候，她会被每一条线索给带走，这样她就无法做出一个判断，自己是应该这样选择，还是应该那样选择？因为每一个选择都伴随着失去，所以她在犹豫不定中把自己迷失了……

她妈妈因为在年轻时候发现老公外遇，而且对这个外遇也是同样的手足无措，最终只能接受这个现实，并且在珂兰人格形成的最关键那几年持续反复地抑郁症发作。所以，珂兰对于妈妈对待自己态度上的改变应该是很敏感的。

她妈妈抓不住自己的老公，就拼命地试图抓住女儿，在抑郁症发作的间歇期，妈妈对女儿的控制性是非常强的，妈妈把珂兰的生活照顾得很仔细。珂兰有时候如果对于做某件事情感兴趣的话，妈妈会给珂兰强调她一个人去做那件事情的风险，比如失败，比如妈妈可能会不开心。

妈妈对于珂兰的独立似乎有些担心，珂兰也认同了妈妈传递给她的这种担心，从而对于自己一个人做选择和决定感到惶恐。

长大以后，她要随时去观察老公的态度，看老公的态度来决定自己今天该穿什么颜色或者款式的衣服，或者今天该做什么事情。

她传递给她老公一个信息，她是不重要的，所以最后她老公被她"教会"了一个东西，就是她的确是不重要的。所以，她老公出轨了，嫌弃她了，抛弃她了，并且在出轨以后还可以振振有词地劝她接受他的出轨。

这仿佛是一个强迫性重复，她在她妈妈抑郁症发作期间的感觉，被她带到她婚姻的戏里重新上演一遍。

依赖型人格障碍是一种过度需要他人照顾以至于产生顺从或依附行为并害怕分离的普遍心理行为模式；始于成年早期，存在于各种背景之下，表现为下列症状中的 5 项（或更多）：

①如果没有他人大量的建议和保证，便难以做出日常决定。

②需要他人为其大多数生活领域承担责任。

③因为害怕失去支持或赞同而难以表示不同意见（注：不包括对报复的现实的担心）。

④难以自己开始一些项目或做一些事情（因为对自己的判断或能力缺乏信心，而不是缺乏动机或精力）。

⑤为了获得他人的培养或支持而过度努力，甚至甘愿做一些令人不愉快的事情。

⑥因为过于害怕不能自我照顾而在独处时感到不舒服或无助。

⑦在一段密切的人际关系结束时，迫切寻求另一段关系作为支持和照顾的来源。

⑧害怕只剩自己照顾自己的不现实的先占观念。[①]

依赖型人格障碍很少作为一种单独的症状出现，大多数是在被发现罹患抑郁症、焦虑症、强迫症或者其他人格障碍出现的时候的并发症状。

依赖型人格障碍病人，好像是一个成年人的外形，与一个没有长大并且

---

①美国精神医学学会编著，（美）张道龙等译：《精神障碍诊断与统计手册（第五版）》（DSM-5），北京大学出版社2016年3月版。

抵抗长大的小孩子的内心的奇特组合。

现代家庭里的一些"啃老族"，什么事情都依赖着父母的那一群人，其中的依赖型人格障碍病人比例也不低。

从现代精神分析的角度去看，依赖型人格障碍和好几种人格障碍，其实都可以划归到自恋型人格障碍的范畴下。依赖型人格障碍也是一种很典型的自体障碍。

什么是自体障碍呢？我说简单一点就是，一个人在心中对于自己是一个什么样的人的自体意象并不是很清晰，这种不清晰会让他体验到自体虚弱，为了规避这种虚弱感，他会去向环境索要自体感。

如果环境是接纳他的，肯定他的，赞赏他的，那么，他的自体感会得到极大的增强，他会觉得自己是有价值的，有力量的，有爱心的……

如果环境是不接纳他的，贬低他的，怀疑他的，斥责他的，那么，他会觉得自己毫无价值，他的自体感会暗淡无光，严重的时候甚至会想杀死这个"无用的东西"。那种讨好型的人多半都可以划归到这个谱系之中，只是程度的差异而已。

其实，每个人身上都会存在依赖性这个人格特质，因为依赖性，把我们和别人紧密地连接在一起，这是依赖的功能。而且，在自体心理学的理论里，人是不可能不依赖别人的，不管是在哪方面，精神层面上的依赖也是，我们其实都是需要被看见，被肯定，被欣赏的。

只是，我们在依赖的同时，还可以撤回我们对外界依赖的能量，用于自身的独立。而那些达到人格障碍诊断标准的病人，就没有这么幸运了，他们的重心基本都在依赖别人，这会带给别人沉重的心理负担，当然也不排除依赖型人格的人遇到权力型人格的人，一拍即合，反而可以成就一桩很和谐的姻缘。只是，两个人都是以自我丧失为代价获得一种人生假象，有意义吗？

依赖型人格障碍病人，对亲近与归属有超过一般人的渴望，而且这种渴望常常呈现出病态的症状，和他内心真实的对待他人的感情没有直接的联系。他常常是为了要留住一段关系而把自己给搞丢了，其实他也换不回来这段关系，因为我们在关系里是要能看见彼此的，我们才可以真正地相爱，否则，他不过是你投射的对象，你也不过是他投射的对象，你们生活了一辈子，但是却从来没有看见过对方。

有时候，对别人的惯常的依赖，却是一种反向形成，用来隐藏我们对他的不满与攻击性。因为在家庭规条里面，攻击人是不好的，但是，这个攻击性要何处安放呢？依赖就成了攻击性的伪装，出现在亲密关系里面。

如何调适？

**积极参加团体治疗**。团体治疗对依赖型人格障碍病人有非常多的好处，在团体里，他可以在安全的环境下去询问别人对他的真实感受，在团体接纳的氛围中重新寻找自己的定位。

**从自我贬低走向自我欣赏**。依赖型人格障碍的病人喜欢自我贬低，哪怕他明明在很多硬件条件上都比别人强，但是他看不到这个部分。所以改变的重点就在于整体性地看待自己，既看到自己的不足，更重要的是看到自己还不错的地方。

**学会自己承担责任**。先从小事做起，不去征求他人的意见，做了也不去看他人的反应，然后看看自己可以接受这个状态吗？如果成功了，再慢慢地做大一点的事情。

**积极的自我暗示**。我已经不是小孩子了，我无须生活在战战兢兢、如履薄冰的恐惧之中，我怕谁呢？得罪了你，惹恼了你，你会把我吃了吗？离开了你，我会活不下去吗？我已经26岁了（或者其他年龄），我怎么都可以靠自己的能力活下去！

南希·麦克威廉斯在2018年的一个讲座中这样说道：

第一点，治疗师要尝试着去找到一些机会，让病人能够发展出一些负性的移情反应来，例如让他在治疗中感到一些沮丧、不安、失望，然后病人可能会说，你不该这么做，或者你不该这么讲，总之让他在意识层面感觉到一些负面的移情体验。而在治疗关系中，治疗师又是允许他有这些感受的，因为过度依赖的人在日常生活中特别担心他对人会有这些负性的体验，因而破坏他的关系。所以，如果他对治疗师说，你这个咨询没有什么效果的话，他会担心治疗师抛弃他。因此，在治疗中，治疗师要去找到一些机会，让病人能够体验到一些负性情绪，然后温柔以待。

第二点，治疗师要能够忍受病人的焦虑。因为他们的父母没有办法忍受病人的焦虑，一旦有什么事情发生，父母就马上行动，前来安慰孩子。在治疗中如果想让病人变得独立，就要让他能够承受焦虑，治疗师可以帮助病人制定一些缓解焦虑的策略。

第三点，病人要学会为自己的能力感到自豪、自尊，允许自己去做一些冒险的事情。他们需要有一个内在的声音告诉自己说："哦，你刚才做了一件困难的事情，你很棒。"

治疗的一个目标是要让来访者建立一种成人式的依赖，而不是儿童式的依赖。

对于儿童来说，他没有办法选择他要依赖谁，也没有办法告诉别人说，让别人如何来满足自己依赖的需要。当别人无法做到的时候，他是没有办法告诉别人的。即使别人对自己很糟糕，儿童也无法离开。但是，作为成年人就不一样了，成年人可以选择自己要依赖谁，你可以告诉别人自己需要怎样的一些照顾，当对方做不到的时候，你是可以离开他，然后做出其他选择的。

依赖型人格障碍病人在内心能够做出这样的区分是很重要的，治疗的目标不是让他独立，而是让他学会在成人式的依赖和儿童式的依赖之间做出一个区别，然后帮助病人建立成人式的依赖。

南希说到的区分成人式的依赖和儿童式的依赖，说明在依赖型人格障碍病人的心中隐藏着对于被抛弃的恐惧，而这种人格特质，在边缘型人格障碍、表演型人格障碍、回避型人格障碍等几类人格障碍里其实都存在。他们往往会遇到一段质量很低的关系，但是你会发现，他们就是会待在那段关系里走不出来，这说明这些人格障碍其实是合并了依赖型人格障碍的。他们对恋人或配偶充满了愤怒，在亲密关系里相爱相杀，但是他们不敢离开关系，因为他们只有在关系中才能感觉到自己的存在。这里有一种很大的、很原始的被毁灭的焦虑和恐惧，驱使他们宁愿待在一段受虐的关系里，也无法从关系里走出来。

# 第五章

## 其他类型人格障碍

被动攻击型人格：有些感觉很不对
抑郁型人格：我活得好累
自虐型人格：我心里有一片沙漠

# 被动攻击型人格：有些感觉很不对

男主角：张介之，38 岁。

女主角：刘海惠，35 岁。

（1）

好多年前发生的一件事情，我想我这辈子都不会忘记吧。

当时我们在另外一个城市经商，我们夫妻共同经营着一个门市，那天我感冒了在家里很难受，没有去门市。在晚上 7 点多的时候，我给还在门市里的他打了一个电话，跟他说我感冒了，让他早点回家。

那一段时间，因为他经常在门市玩游戏，所以我时常对他提一些要求，希望他做一点和门市业务相关的事情，其实是希望他和我有点互动，和孩子有点互动。但是，他的感觉就是我一直在试图控制他。

那天晚上我打完电话以后不久，他回家了，但是一直坐在客厅看电视，根本不到卧室里来，我一个人躺在床上，鼻子几乎无法呼吸，头晕眼花、浑身无力。我一直期待着他能够到卧室来关心一下我，给我配一点药来吃，因为每次感冒，我都依赖着他配的药症状才可以尽快缓解。但是那天，他一直坐在客厅看电视，看到睡觉的时间才进卧室来……

你无法想象从晚上 7 点多到 10 点多，一个女人的内心经历了怎样的从希望到失望再到绝望。他要回家，因为我打电话让他早点回家，但是他要表达他对我请求他提前回家的不满，估计他是以为我让他提前回家是想让他少玩会儿游戏，所以，他不会管我是什么状态，他只需要表达他心中那种被别人干预了他的自由的痛楚。

他那个时候没有攻击我，但是，又相当于狠狠地攻击了我。

平时他都是很关心我的，那天晚上他对我的绝情，我只要想到，眼泪就会长流。

什么叫被动攻击？我想那就是最好的阐释。

（2）

最近这些年他对我的态度好很多了，当然也许和我对他的态度改变有关系吧。

前几天，我跟他说应该买一套房子了，因为现在 A 市买房摇号，新房和二手房的价格差别那么大，而且我们家是刚需，一套房子都没有……总之还有许多其他的理由，他听了，没有说反对，也没有说同意，最后说了一句："你要怎么决定就怎么决定，反正挣钱的人是你，我也没有多少的本事，这件事情上，我不发表意见。"同时他也表示，如果我决定了要买房，他可以把自己手上的那部分积蓄拿出来支持买房。

但是，他的表情在我们交流的整个过程中都是凝重的，语气也是不舒服的，眉头始终没有舒展开来过。所以，我对于说服他买房这件事情的成功，没有任何的喜悦，而且感觉到了隐约的不安。

果然，在随后的生活里，他对待我的态度有一些很细微的改变。以前，在我们有什么不同意见的时候，如果我没有迁就他的意见，去把那件事情做了，他会很不舒服，然后会和我冷战。后来因为我向他表示过很多次，我讨厌他的冷战，而且一旦他冷战，后果会很严重，我要么也会和他冷战到底，要么我会选择离开，所以，他渐渐地放弃冷战。但是现在，他改成了另外一招。

这一招是什么呢？就是被动攻击。

以前，被动攻击是贯穿在他的整个冷战时期里的一招，现在这一招，只是单独出现了而已。

他还是会和我说话，和我有正常的互动，但是，他以前会对我有的亲昵举动全部取消了。比如说，每天早上我会在沙发上躺着用热毛巾热敷我的双眼，这个时候，他会来用手假装在我的脖子上"切"几刀；我在厨房做事的时候，他会来抱一下我；晚上睡觉的时候，他会等着我一起上床……

而现在，他照常和我说话，也照常会在生活中体贴我，他没有和我冷战，但是，那些习惯性的亲昵举动全部没有了：每天早上我在热敷眼睛的时候，我等待着他来假装"杀"我，但是没有，他已经几天都不和我玩这个游戏了；早上起床，我在厨房包饺子，他也起床了，如果在以前，他会来厨房看看我在做什么，但是现在，我在厨房忙活了半天，他都不进来看我一下；晚上睡觉，他自己收拾好了，会自己一个人早早地上床，然后把眼睛紧紧地闭上，我特别害怕在临睡前没有人回应的那个时刻……

这种感觉非常熟悉，和以前冷战时期的感觉差不多。但是，我还无法去指责他，因为人家没有和我冷战，每天还是和我互动的，取消的只是亲昵的言行。

这的确不是冷战，但是又好像是冷战，或者说是不冷不热的"温战"。这简直就是经过了"伪装"的冷战，这是冷战的升级版吗？

我找不到任何理由对他发飙，但是也的确感觉到自己仍然被他抛掷在他的温情世界以外的"寒冷地带"。这种感受真的很不好，当然，比以前他明显地和我冷战的感觉要好了一些，好歹我觉得他还给我一种假象是我还可以靠近他。

但是，其实不是。

很多次我都想对他说，"你要是反对在 A 市买房，你可以直接说啊"。但是我心里明白，他不可以直接说，因为我和孩子的意思以及我在 A 市的娘家人的意思，我都告诉了他的，他们都是希望我们一家三口在 A 市买房的。他一个外地人，虽然不喜欢 A 市，不想在 A 市定居，他始终想回到他的故乡去生活；但是，他也感觉到了胳膊拧不过大腿。他知道如果他坚持一个人回他的故乡去，而且以后也不情愿来 A 市陪伴我的话，我们的关系可能会出现大的问题，他也在乎和我的关系。那么，我们要在 A 市生活，肯定是要有一套自己的住房的。所以，他自己本身就是为难的、矛盾的，按照他自己的心愿，肯定是不想在 A 市买房的，他恨不得马上就把我从 A 市"拐"

走，跟着他回到他的故乡去生活。这样的闹剧，在我们这些年的婚姻生活里已经无数次上演了。也正是因为这个原因，所以我们一直确定不下来在哪里买房。

（3）

他离开以后这段时间，我观察了自己的许多行为，发现我也是被动攻击型人格。

他在A市的时候，曾经对我说过的许多话，我当时都是不以为然的。然而，在他走后，我却会再次去思索他跟我说的那些话。

比如，他会时常关上客厅的窗子，他在的时候，我迁就着他，只要他不在，我就会去打开窗子。直到后来发现，如果晚上下雨了，第二天早上地上就会有一大摊水，我花了许多的工夫，才把那摊水清理干净……

他时常关上厨房的窗子，说是风大的时候，会把厨房的门吹得"砰"地关上，而那个门是玻璃门，容易被撞坏，我都不信。在他走以后，我就会去把厨房的窗子打开，直到有一次，我亲眼看到门被风吹动急速地要撞上，还好我就在旁边，这才去把窗子关小。

他说那家土猪肉的肉和对面那家农家山猪肉的肉质和口感都差不多，但是，土猪肉店的价格却比对面那家贵一倍，所以劝我不要再在土猪肉店买猪肉了。他说了，我怕他生气，不敢反对，就对他说，我在这家土猪肉店的会员卡上还有几十元钱，等我用完就不在这家买了。但是，我私底下一直在这家土猪肉店继续购买猪肉，并且继续充值。

我们做猪肉吃的时候，也经常在对比两家猪肉的区别，但是那个时候，我会有一个主观上的体验，他不喜欢花更多的钱去买猪肉，所以才那么说。当我主观上有这种体验的时候，他跟我说什么都是没有用的，因为我自己是一个喜欢过高品质生活的人，所以我习惯了稍微高一点的消费模式，我不喜欢他那种什么都很节约，疑似自虐一般的生活模式。

在这样的思想支配下，每次对比两家猪肉口感的时候，我都会觉得贵一点的那家的就是要香一些，我坚持这样的想法。

但是，我又不敢直接对他表达这些感受，我只好在和他一起出门的时候买那家便宜的猪肉，而在我单独出门的时候买贵的猪肉，我总是觉得要给家人最好的生活品质。

他离开A市以后，我在某一天把两家的猪肉同时煮白肉来吃，发现的确没有什么区别，这才开始去对面那家便宜一点的店买猪肉来吃。

他走了以后，我不需要去和他抬杠，我不会感到有人会把他的观点强加在我的观点上。这个时候，我才愿意去客观地对比两家猪肉的区别。

他在A市的时候，我明明就是不愿意听从别人话语的一个人，但是我不敢明着反对，就背地里一直继续对着干。这就是一种被动攻击。

他应该能够感受得到，但是他对此也很无语。

因为在很多事情上，我都是这样和他互动的。

## 对被动攻击型人格障碍的解读与调适

被动攻击型人格障碍（passive-aggressive personality disorder）也叫被动攻击型人格或简称被动攻击，是人格障碍类型之一，是一种以被动方式表现其强烈攻击倾向的人格障碍。患者性格固执，内心充满愤怒和不满，但又不直接将负面情绪表现出来，而是表面服从，暗地敷衍、拖延、不予以合作，常私下抱怨，却又相当依赖权威。在强烈的依从和敌意冲突中，难以取得平衡。

被动攻击型人格障碍的主要特点简单地讲就是：用消极的、恶劣的、隐蔽的方式发泄自己的不满情绪，以此来"攻击"令他不满意的人或事。具体表现如下：

①用被动的挑衅态度对待他人的要求和期望，如不愿发挥自己才能，消极怠工，强词夺理，丢三忘四，不守诺言等，对他人的忠告感到愤恨。

②做事不合作，故意作对，闷闷不乐，易怒，好争辩。

③对自己持抱怨态度，表现出苦恼行为，觉得自己时时处于一意孤行和

绝对依赖这对矛盾中。缺乏自信，对前途悲观。

被动攻击型人格现在并没有出现在诊断系统中，1994 年美国《精神障碍诊断与统计手册》（DSM）将此类型列为应进一步研究的障碍。

张介之出生在一个官宦之家，爸爸在家里具有一言九鼎的地位，妻子儿女惹恼了他，他要么在语言上骂得很犀利，要么直接动手暴打。在这样的家庭中出生，他有什么不满，是无法直接表达的，但是，别人如果对自己有一丁点儿的控制，或者没有尊重自己的某个意思，他都会在心里积累起很强烈的不舒服，进而通过被动攻击表达出来。

有时候我在想，一个人为什么会选择被动攻击？或者说，为什么被动攻击被列为一个心理问题？难道说，主动攻击就不是心理问题了吗？

一个人能够进行主动攻击，说明这个人的心里对于自己主动表达对对方的不满，是有安全感的，他不怕表达之后对方会惩罚他，会离开他。

被动攻击，说明这个人害怕自己表达攻击性的后果会很严重，所以他采用了一种自认为是策略型的表达方式：我没有直接攻击你，但是，我仍然表达了我的情绪。

被动攻击者好像是一只缩头乌龟，无法承受直接表达攻击性的后果，因为从小到大的经验告诉他，惹恼了那个强权者后果是很可怕的，我承受不起。

他们无法明白，被动攻击的后果才更可怕，虽然你表达自己的情绪很过瘾，但是被动攻击伤害对方的方式却是持久性的、弥漫性的、难以消散的。

主动攻击的影响力要小许多，因为那些东西摆在台面上，好识别，也就好应付。被动攻击弥漫着战争的硝烟，但是看不到敌人的影子，那简直就让人恐惧。

刘海惠出生在一个工人家庭。爸爸很贪玩，很少和孩子互动，妈妈很情绪化，刘海惠惹恼了她的时候，她会歇斯底里地吼叫，并且训斥刘海惠。年幼时候的她特别害怕妈妈变脸色，妈妈吼叫的时候，她会有魂飞魄散的感觉。

这样的孩子，也会在关系里去讨好对方，不敢明着和对方干，她会害怕对方突然变脸色，不喜欢她了，冷淡她了。所以她会委曲求全地待在关系里，而不管对方其实也是一个孩子，无法照顾到她的感受。

她哪里敢直接表达对他的愤怒呢？除非是他严重地惹到她的时候，她才会歇斯底里地对对方吼叫，平时，她都顺从着他。但是，背地里，她有自己的想法，她没有意识到，那是在和老公对着干，她很害怕自己的思想被对方的想法所吞没。所以，不管对方说什么，她是一概地坚持自己的想法的，但是，这样的话，对方对她的爱就会下降，她又害怕这个部分。因此，她在表面上都听他的，背地里来执行自己的。

如果我们在表达自己意愿那个部分的时候感觉到安全，就是不管我怎么表达，你都愿意聆听，并且不会认为我这是恶意违逆你，同时，你会认真地去思索我表达的内容，即便它和你的意思相反，你也不会觉得我是在不尊重你；那么，我就可以主动攻击你的观点或者事件，而不需要采用被动攻击这样的方式来表达我的不满了。

所以，主动攻击是健康的，当然，任何事情都是有度的限制的。主动攻击里面不包含躯体攻击。

被动攻击作为一种单独的人格障碍存在是没有必要的，它会伴随在许多的人格障碍之中。我在做咨询的时候发现，被动攻击时常伴随在边缘型人格障碍、回避型人格障碍、分裂样人格障碍、分裂型人格障碍等精神疾病之中，是一个广泛的临床现象。

其实，在家长制的家庭里，被动攻击是很普遍的，只要有强权存在的地方，就会出现被动攻击，因为主动攻击是很危险的。在一些强权的家长那里，孩子就是哭泣也是不被允许的，也会被视为不服从自己的指令和权威，因而会被加以"镇压"的。

所以，我们不得不被动攻击，因为环境是如此的不安全，惩罚又是如此的严厉，后果又是如此的可怕……

被动攻击的形式太五花八门了：拖延症、消极怠工、爱的撤回、故意没有听到你说什么、不合作、不服从……

如何调适？

**清楚明了自己的目的。**被动攻击是为了要维持关系，所以才采取迂回曲折的方式表达自己的不满，但是，被动攻击对关系的破坏常常具有毁灭性质，这个却是被动攻击人格的人没有意识到的。与其那么曲折地表达自己的不满，不如直接表达自己的不满，对关系的建设和修复，反而效果更好。

**学会用语言直接表达自己的不满。**被动攻击常常是用一种付诸行动的方式来表达不满，语言这样高级的沟通方式其实是被忽视了。当你学会用语言去表达不满的时候，其实你会发现，你们是在同一个"世界"里，他不是你的权威，你也不是过去的那个只能任由摆布的孩子。

**学会勇敢地承担表达不满的后果。**对方没有你想象的那么脆弱，经不起别人的主动攻击的人是你，无须再投射你自己的脆弱，分辨清楚他和你的不同。表达不满不会破坏关系，被动攻击才会破坏关系。

# 抑郁型人格：我活得好累

唐松，男，28岁，硕士毕业，公务员，热爱写作。

文章内容来自唐松本人写给治疗师的自述。分节部分代表是在不同的时间写作的。

（1）

前些天我回忆起来一个已经被忘记的记忆碎片：我在小学一年级刚被送入寄宿学校的前半年，非常不想被人发现。我想钻进地里去，想躲进任何一个小角落里。只要老师和同学不在我的身边，我就会有一种落寞和悲伤感。

我这个记忆里，最深刻的一个画面，是有一天老师带着小朋友上操，我看着他们往外走，忽然有一种悲伤感，这种感觉很奇怪，我感觉我是不应该属于这个世界的，没有人要，也没有人爱。我看着大家离开教室，空荡荡的教室仿佛验证了我的看法。然后我看见墙角扫帚边上有一块肮脏的小角落，我哭起来。把自己卡在那个角落里，我感到极度的孤独和悲伤，但是又感到一种满足和安全感，就好像我根本不该是一个人。我是一个垃圾。没人需要我。我应该就这样死在这个角落里……我就这样低着头蹲在角落里看着地板一直哭。直到老师的声音出现在我身边，问我怎么了……

这个记忆碎片里面似乎有着极度的自卑和无助。在这次导致我抑郁的事件中它忽然显露了出来，让我有些震惊。看来我在小学一年级被送入那个寄宿学校的时候，确实遭遇了什么精神的痛苦，以至于觉得自己连垃圾都不如……

再次回忆起这段记忆的时候，我感到一种强烈的绝望和悲伤。这种感觉似乎和我成年后每次大的情绪波动都有非常相似而熟悉的地方。

所以我猜想，或许这意味着我在极为幼小的时候，就已经开始出现这种极度自卑，厌恶自己，认为自己被世界抛弃了的绝望感。

小学整整6年，我都只能在周末才能见到我的父母，所以有时候觉得和我的父母很陌生，和学校的老师同学反而更熟悉。可惜，在学校的时候，我遭遇了一些校园欺凌，其中有来自老师的伤害，也有来自同学的，但是我的父母对于我身上发生的事件似乎没有给到有效的安抚。

我的记忆中一直以为，我小时候应该还是比较勇敢的。但是现在看来，并不是这样。

我记得那个时候，我最喜欢干的事情，就是想办法让自己消失，把自己卡在某个小角落里，然后幻想自己倏地一下就消失了。

我连做梦都在做这个事情，仿佛这样做才是对的。以至于我的班主任在一年级结束的时候几乎记不住我的名字。

当时班里有一个很开朗的同学叫刘海涛，他积极幽默又开朗。那个时候我非常喜欢刘海涛的样子，我不断观察他，模仿他，想变成他。

（2）

昨天下午我和我的女朋友正常约会，送她到家的时候已经是晚上十点半左右了。我开车去的，到她家楼下的时候，因为希望和她多待待，央求之下，她让我把车子停在小区的地下公用停车库里。

作为情侣，我们两个在地下车库里待着，又在一个密闭的空间里，她靠着我，于是我产生想亲吻她，甚至做有性暗示意味的抚摸的冲动。这不是我们第一次来到地下停车场，也不是第一次这样做，但是很明显她今天有些疲惫，并不希望和我有过多的亲吻和亲昵动作。但是，我的心中仍然有一种强烈的愿望去和她紧紧挨在一起，正当我伸出手，企图将她拉入怀里并亲吻她的时候，她忽然闪开了我的动作，往相反的方向靠在车门的那一侧，她开始问我："等一下，你不要总是这么可爱，你不是说你有冷酷的一面吗？你做一下给我看看。"

在我们刚认识的时候，我记得我跟她说过这句话，但是我从来没有想到她会这么要求，她看着我（实际上整件事情结束以后，她强调自己是开心地，笑着看着我），以一种撩拨、挑衅（这是我当时的感觉）的样子不断地催促我快点表演一下看看。

然后，我就愤怒了。

于是发生了我们有史以来最严重的一次争吵，她靠在一边半天都不说话，泪水已经浸润了她的双眼，她说她不知道我到底在想什么，不知道怎么会让我不开心，不知道哪一句话就会触碰到我的创伤。

她质问我的时候，我眼睛发愣，低着头，心中充满恐惧和歉意，一个劲儿地跟她说："对不起，是我错了。"

那一刻，我忽然想起了我初中的时候，妈妈曾经调动到外地去工作过两年，在妈妈回来后的一段时间，我和妈妈非常陌生，几乎无法交流。那个时候，我受到黄色网站的影响，不断地去看一些母子乱伦类的黄色漫画。然后有一天被妈妈发现了，那个时候，我母亲训斥我的样子和这一刻是如此的相似，而我的反应行为也和那天如出一辙。

我感觉我要失去她了，我感觉她的叹气和失望的表情是要为说出"咱们分手吧"做铺垫。但是令我惊讶的是，她告诉我她感到很累，感到我们的情感在被我推着走，她时常感到背后仿佛有一只手在推着她，让她很不舒服。但是，这些并不代表她不爱我。

她重复了三遍，我很感动，同时也意识到，我对于她的感觉又一次和真实的她发生了偏差，我只是按照心中的那个注定会被抛弃的孩子的意象，来看待那个注定会对我不满的女人形象，我把那个形象"嫁接"到了她的身上，她是谁，一瞬间我竟然有点模糊……

那个时候我还和她在一块儿，无法多想，但是我知道，我低着头的时候并不是28岁的我，而是那个被拒绝的只有几岁或者十多岁的我。

晚上的结局是女朋友把不满的情绪发泄了出来，我哄了她，她想起我平日里对她很好，她告诉我，希望我们能更好地磨合。但是她提醒我，她只是一个普通的女孩，平凡的她并不希望未来一辈子都生活在这种压力中。

我回到家里，当时我的情绪并没有绝望，看来这段时间我的心理治疗是非常有效的。在离开她之后，我感到情绪中的某种欲望迅速地减退，我又回到了28岁，所以回家以后我反倒获得了平静。

但是我记得当时的感觉，我知道有一段重要的记忆在那一刻溜了过去，所以在睡前我做了一件事情——这段时间我一直在看《辩证行为疗法》这本书，其中提到"创建自己的安全屋"，这个理念让我感到或许对我会很有用。于是，我按照它的说明给自己的精神创建了一个屋子。

一开始是一个屋子，后来再去的时候是一间欧式的教堂，后来再去的时候教堂的一半坍塌了，一道白光从外面射进来，我看到了教堂外面的世界——我在一处巨大、平坦而高耸的悬崖台地上面，世界的所有事物都低于这个台地，在台地之下。整个台地是一个三角形，它的尖端指向远处的大海，而低一些的地方是重峦起伏的山脉。

在台地尖端那里有一棵老树，当我脸对着树，盘坐在那里的时候，我的脸处在的那一截刚好有一个人头大小的空洞。我闭上眼睛，在我的精神里再次放松，打坐，入定，盯着这个洞。我就会在我的精神里顺着这个洞穿过去，飞离地面，这个时候我就可以看到悬崖的下面——在森林的环绕下，下面是一个打着漩涡的黑色的潭，我就从空中跳下去，然后我发现，黑色的潭水里面有我的记忆。我会在这个潭水里回到过去的记忆身旁，分辨他和我的不同，然后我会把这个记忆里的我带出水面，这个时候他们就变成了一堆白骨。我就上到潭水的岸边，那里，非常靠近森林的地方有一面镜子，我看着镜中的自己良久，然后会在镜子后面的空地上挖一个坟墓，把我手里的这堆白骨埋掉……

昨天晚上我又进入了这个安全屋世界，跳入这个潭水之中。

今天早上起来的时候，我回忆起一个记忆的片段——我穿着开裆裤，那个时候我还没有桌子高，一个女人在和别人打麻将，我走路颤颤巍巍的，想要抱她，但是她把我拨开了……

这个记忆是哪里？我多大？身边的女人是谁？我思考了一会儿，立马意识到，这是我非常小的时候的一段记忆，这个记忆和我父亲在我成年以后给我讲的一段话重合了：

"你很小的时候，我和你妈在 A 市都很忙，把你搁在 B 市老家……但是当时的保姆不行，就知道打牌，也不管你，有一次你妈回去，看到你全身都是泥，坐在地上哭，保姆也没管你，非常生气……后来就把这个保姆辞退了，换了一个人很好的保姆，你还记得吗？"

根据我的记忆和我父亲给我的信息，我明白了一件事情：我在很小的时候应该遭受过类似于抛弃行为的对待。因为这个行为，在我成长的一段时间里，对于母子乱伦的黄色影片才会有这么大的兴趣，因为对母亲的依恋得不到满足，逐渐转化为一种对性方面强烈的渴求。

在之前的咨询中我们一直在分析，女朋友说了什么才导致我生气，不稳定，崩溃。在这个记忆出现之后，我发现我们忽略了最重要的一点——动作。我思考了三次女朋友让我情绪不稳定的场景：

第一次，我拉着她的手，看着她，内心里希望更靠近她，所以我的语言很亲昵，我希望得到同样亲昵的回答，但是她却问我（其实是在开玩笑）："你不是要给我买这个包吗？怎么不买啊？"这里引发我情绪崩溃的重点不是这句话，而是当我企图通过言语"触碰、抚摸"她的时候，她的反馈强行结束了我的诉求，这给我的感觉是一种抛弃。

第二次，我坐在餐厅里，拉着她的手，看着她，不时地希望搂着她，我感觉气氛正在向更加暧昧的方向前进，但是这个时候我的朋友来了，他一过来就说我大学时候是多么的"屌丝"，高中的时候是多么的"搞笑"。我那天再次情绪失控，现在想来，不是因为他的话，而是因为他的言语截断了我对于亲密的性的诉求。

第三次，也就是昨天，不是因为女朋友让我模仿冷酷导致我生气，而是我越来越想抱着她亲她，吻她，抚摸她的身体，但是她的玩笑打断了我的诉求，把我不断升腾起的极为强烈的触碰性欲拒绝了。

也就是说，这些愤怒全部发生在我心中对于"性"的渴望不断攀升的时候，而我面对我亲密的爱人时，出现的这种一定要通过强烈的抚摸、触碰，甚至激烈的性关系才能获得安全感的渴望，只能说明，我越喜欢我的女朋友，我就越想从她身上拿回我所失去的。而在这种情绪发生的情况下，我大概只有一两岁。

今天早上，我在我精神的安全区里埋葬了这个幼小的我。我站在它的坟墓前，有一瞬间我感到了巨大的悲伤。在我居住的屋子里还有一头玩具小熊，从我很小的时候就抱着它，在我成长的过程中甚至把它当作我的家人。现在我明白了，它只是我渴望被亲吻，被抚摸，被拥抱的精神寄托。我曾经对它说："这个世界是残酷的，如果有一天你要离开这个世界了，请你告诉我。"有时候想起这段话我觉得很可笑，毕竟一头玩具熊是不可能自己长腿离开的，但是今天我明白了：

我的玩具熊要离开了。

现在已经是早上8点了，我因为找到了这种情感的原因，心中有了一些释然。这些年有太多时候我以一个孩子的样子去面对这个世界，现在他们的位置正渐渐地重新让给现在的我，这让我感到欣慰。但是一个成年人，在面对这些困难的时候应该怎么做呢？如果再次面对我的女朋友，如果那个人是现在的我，我应该怎么做，才不会变成我两三岁时候的样子？现在的我对于爱情，所渴求的是什么呢？在坐在这里这一刻，我真的不知道，但是我会努力去试试看的。

（3）

我刚才在和女朋友的交流中又出现了比较大的情绪波动，导致了落泪。

可能是因为抑郁症的原因吧，我的记忆时常发生轻微的错乱。我的女朋友最近因为搬家的缘故，暂时住在宿舍里，她跟我说过她在宿舍里没法洗澡，但是我的记忆里有她在家里经常洗澡旳影像。

刚才她在微信里说她要去洗漱。我不知道为什么会认为她是去洗澡了，于是她回来的时候在微信上说她洗漱完了，我就问她把头发吹干没有？这个问题让她很不高兴，就问我，是不是我把别的女人的事情记错在她的身上了？

后来她向我解释，她说的"她"指的并不是第三者，就是一个普通朋友的意思，她没有觉得我劈腿的意思。但是当时我觉得她认为我劈腿，我感到了她不信任我，随即我强烈地感觉她不会爱我了。但是我觉得她认为我对她不忠这个假设让我陷入极度愤怒中，所以我和她争论起来。

她也和我争论起来，并执意让我给她举出详细例子。

冷静下来以后，她向我解释：她就算是说了那句话，也不代表她就对我失望了，要离开我。她没有告诉我去洗澡，但我却说她去洗澡这个事情确实让她很不爽。但她毫无准备抛弃我的想法，而我却随时会因为她的这些反应就推论出她要抛弃我了，这让她压力很大。

我之后给她打了电话。听见她声音后，我的情绪变得稳定了一些。

她安慰了我一下，叫我别多想。就睡了。

我知道她并不是说不爱我了，准备抛弃我了。但是刚才一瞬间认为她不信任我，觉得我对她不忠，这样痛苦的感觉应该直接指向了强烈的"疏离感"，以至于在这之后的30分钟我陷入了极度的悲伤中。我大概哭了30分钟。期间大脑记忆一片混乱。一会儿想到治疗中治疗师和我的对话，一会儿有着我原来钻牛角尖时的怨恨感和自杀劝说的声音。但是我还是有一份笃定，在这样最糟糕的情景下，我应该首先去正视这个痛苦，并和这个痛苦待在一起，看看这个痛苦的背后是想告诉我一些什么话语。所以我没有再指责自己，并且我始终睁着眼睛感受幻想和现实世界的差异，直到30钟以后我的情绪逐渐稳定。

昨天的事直到今天仍然使我情绪低落，我使用了转移注意力和自我分析的方法，通过回忆女朋友和我在一起的很多片段，确定了女朋友是爱我的。但是，我发现，即使我的女朋友已经告诉了我她是爱我的，我的心中仍然有犹疑。

实际上昨天的事情发生之后，顶多在30分钟后，这个事情所造成的负面情感已经消除了。但是很显然，还有一种情感一直在我的脑海中，我发现这个情感在我和女朋友的这种情境中已经不是第一次产生了，它会在负面情绪产生之后一直存在，在负面情绪结束后却不能很快结束。它对我最大的影响，是一旦它出现，我在一两天内存在一种"大脑中对女朋友的态度无法恢复正常"的感觉，使我到刚才都找不到"我爱着女朋友的感觉"是什么。

昨天晚上的那个记忆让我很震惊，于是我顺着那个记忆尝试回忆，似乎在我幼儿园的时候，这种"钻地缝儿""在人群中消失"的念头就已经产生了。

我通过今天早上一直压在我的大脑中的情绪进行联想，我认为我今天早上所产生的这种"无法感受到以前爱我女朋友的时候是种什么样的感受"的体验，实际上是一种为了防止对方抛弃我，而在第一反应中主动形成的防御机制。

也就是说，如果我在某一刻感觉到了她会有不爱我的可能性的时候，我的大脑就会记不起我曾经深爱过的这个女孩的所有记忆。

我认为，在我很小的时候应该发生过一些事情，导致我错误地将女朋友表达的"我对你生气了"和"我要抛弃你了"画了等号。

别人发脾气，最差的情况是对我减几分，而不是减100分。而我总是感觉到别人对我一旦生气，就是把我全盘否定，要抛弃我了。

我父母和我在从小到大的互动中，传递给我的感觉使我将"生气"和"抛弃"弄混淆了。以至于我的第一反应在面对"生气"的情感时，只会用"抛弃别人"去应对。

（4）

最近情绪焦虑的焦点又转移到和女朋友的关系上。她只要超过一天不怎么和我说话，我就会感到不安。如果有三四天和我只用微信交流且说话简短，我就会感到对方讨厌我了。

这会儿我抑郁症又发作了。这周女朋友和她的领导吵架，加上她工作非常忙碌，在微信上几乎不和我说话，回应我也只是"好"和"嗯"。

这让我感到很大的情绪压力。所以，我的情绪也不太好。

　　我时常害怕她不及时回复我的微信信息，害怕她发信息没表情，猜测她内心是否又开始厌倦我了。我之所以在这件事上特别没有安全感，是因为我把对自己的评价放在了别人的篮子里，我想从别人那里看到自己的样子，我把别人的言行看作对自己人格的赞扬或否定。其实那些也许和我并没直接的关系，有可能只是当时那人的随机心境而已。

　　因为我没有办法确定自己在在乎的人那里有没有一个重要位置，所以我不断地去猜测别人对待我的态度，极为想知道别人的想法是什么，在很没有安全感的状态下，随意放大别人行为里对我的拒绝性含义。

　　我活得好累。

## 对抑郁型人格障碍的解读与调适

　　（1）

　　唐松成长于一个官员家庭，母亲是企业领导，父亲是局长。父母感情不好，很疏离。家里的分工是，爸爸负责和孩子沟通，管孩子的学习和规则；妈妈负责孩子的生活，妈妈是一个很沉默的女人，话非常少。

　　他特殊的成长经历是从小学一年级到初中二年级都在住校，而且小学住的是寄宿学校，只有周末才可以看到父母。当时，他就觉得对父母很陌生。

　　尽管这样，唐松从小到大，都会时常听到爸爸诉苦，说他的妈妈对他很冷淡之类的话语，唐松不想听，但是无力走开。

　　他回忆起曾经的一些经历：

　　小学的时候我成绩很好，有一次我英语考了全校第一，我对爸爸说了，爸爸那天心情可能不好，只是点点头，就再也没有说什么了，让我觉得他跟我没什么关系。然后爸爸就把我的证书很随意地丢进包里，似乎是在给我泼冷水的感觉，把我从得了第一名的兴奋中拽了出来。

　　从小到大，这样的事情发生了许多次，以至于我大了以后，要去完全地相信一个人的时候，心里会有恐惧感。

初中有两年的时间，妈妈去外地工作，爸爸那时工作上压力很大，每天回家以后，一句话也不说，就窝在沙发上看电视。他会经常命令我去做一些事情，比如洗碗、拖地，有一次我洗碗的时候，一不小心把碗滑在地上，爸爸的声音就非常冒火地从客厅里传过来，他骂我"你怎么就连这点事情都做不好"，我感到很害怕，非常的害怕。那一瞬间，我感到我和他并不熟悉，而他的训斥会让我有魂飞魄散的感觉……

我的爸爸在那段时间会不定期地对我发作，有时候是因为我做错了家务，还有的时候是因为成绩不好。成绩不好的时候，爸爸什么话都不会说，他会叹口气，然后脸色非常难看。我看着他的脸，我对爸爸很失望，我会很记恨这个世界，不知道为何会给我这样一对父母，我感觉我的家太失败了，我真希望我没有生下来过。

那个时候，待在家里会很压抑，我会觉得那整个屋子都非常讨厌，因为我不知道下一次被训斥在什么时候会发生。

至于我的妈妈，在记忆中就更是一片空白。那时也不知道妈妈什么时候会回家，每当爸爸训斥我的时候，我在脑海里就想象我的妈妈是比他温柔千百倍的。

两年以后我的母亲回来了，我非常激动，跑到门口去迎接她，看见她的时候，发现她也是一脸怒容，而且充斥着一种烦躁的情绪。那一瞬间，我感到像是被欺骗了，这个家根本就不是我想象的，这两个人是如此的陌生，自那以后，我几乎没有再和我的父母交流过。

高中的时候，我成绩已经非常好了，爸爸把我带到他的酒桌上，去见一些这个城市里的重量级人物。爸爸很骄傲地把我介绍给他们，然后我看到他们也都很羡慕我爸爸拥有我这么优秀的儿子，在 A 市七中的尖子班，而且还是尖子班里成绩靠前的学生。

很多年以后，我渐渐能和我的父亲交流了，自从我罹患抑郁症以后，父亲和我的互动调整了许多，但母亲变化不太大。我逐渐可以识别母亲的一些表情，但是始终觉得母亲对我而言就只是一个符号。

有时候在幻想层面，希望我的父母都消失掉，这个世界就只剩下我一个人了，这样我会放松许多。这种感觉在初中和高中阶段比较强烈，而在小学阶段，对我的父母是一种恐惧感，即便是周末和他们相处，也不知道什么时候会被他们训斥。而到了初中，就是对我父母的愤怒。那时我宁愿在外面待很久，也不愿意回家。

这种感觉在初中达到顶峰的时候，早上6点我就迫不及待离开家，到晚上11点我都不想回家。走在街上的安全感，比我待在屋子里面还要强。

到高中的时候，爸爸经常都不在家，他不在家的时候，我会很开心。妈妈几乎不会和我说任何事情，她只负责照顾我的生活，对我的生活有一个基本的关照，她就好像一个保姆一样。所以我体验到了一种自由感，因为妈妈既不会管我，也不会训斥我，她只会过来问我想吃什么，然后就忙着做吃的去了，这样的屋子给我一种安全感。所以那时非常希望我的父亲不在家，最好我的母亲也不在家，这样我就感觉这个屋子里有一种安静的氛围。

初中和高中，如果爸爸在家，我一听见他在客厅说话，我学习的注意力就会受到干扰，有时候我会有一种幻觉，觉得他在说我，他那往下沉的音调好像是在训斥我，或者是在跟妈妈说我的坏话，于是我就会很生气。这种感觉持续多年，直到我读大学以后，偶尔听到他这个下沉的声音，都还会产生愤怒，如同平静的内心无端地被什么东西撩拨了，然后我很愤怒。这种感觉完全消失是在我从深圳回到A市之后的第二年。

（2）

唐松是我的来访者里面语言表达最有特色的，我从来没有见过一个男孩子可以把自己的感受表达得那么细腻，那么生动形象和准确以及用大量的隐喻、暗语和象征性的手法来表达他的所思所感。

说真的，和他聊天是一种思想的盛宴、灵魂的探寻，他能够通过他的语言把我带到他灵魂最深幽和最细腻的地方。这是一种很强大的能力。

他长得很帅，个子也高，也很有自己的思想。抑郁症病人通常情况下都很能照顾到别人的感受，他在我面前尤其努力地在做一个好的来访者，我对他的反移情很喜欢和很欣赏。但是这种反移情对他表白没有用，因为在他固定化的思维模式里，他是不值得被人欣赏和喜爱的，一旦有人表扬他，他会认为别人有所企图。为了避免这样的误解，我强忍着不去表达我的这个部分。

最开始他说话的方式是一直说一直说，根本停不下来，每次咨询就这样结束了，我感到在咨询里要和他互动有点困难。所以我不知道他对咨询的理解是什么，于是就和他讨论，他也很吃惊，问我，最开始的时候你不是让我想到什么说什么吗？

但是，他的那些话的确不像是互动，而更像是一个孩子在给自己的父母汇报自己近期事宜以及感受，当我把这个反馈给他的时候，他沉默了。后来的一次咨询里，他告诉我，他平时和爸爸说话就是这样的方式，以至于爸爸时常要让他停下来，不要那么急着把要说的事情全部说完。他现在意识到这不是沟通，只是因为心中有一个意象，他不是一个主体，而那个主体是一个有权威的彼者，他是需要把自己的所思所想汇报给这个彼者，然后彼者在掌握了他的动态之后，会给他一个指示，一个要旨，一个"批复"，他只需要按照这些去行动就可以了。也就是说，他主动地把自己的命运交给了彼者。

毕业以后他是在深圳上班的，但是爸爸把他叫回了 A 市，并且通过关系让他顺利地成为国家公务员，他们单位那个部门的一些业务，爸爸还能够通过自己的关系进行帮助。所以这个爸爸可以说是大权在握，一心想帮助自己的儿子，但是唐松很不喜欢爸爸介入到自己单位的事务里来，不希望爸爸把自己的全部都掌控了。

从深圳回到 A 市之后，因为前女友并不想去 A 市，他们分手了，唐松有很长时间都非常抑郁。当时在单位里上班，时常会有一个声音对他说，"你从这楼上跳下去吧"，所以他很害怕，在这个声音出现的时候，他就躲进卫生间里去……

他在每个星期六的早上的 9 点到 12 点的 3 个小时，都是和爸爸在一起，跟爸爸交流自己这一个星期的生活动态和思想动态。

在他抑郁症发作期间，爸爸和妈妈都改变了很多和儿子的互动模式。

（3）

唐松敏感而脆弱的人格特质，是因为从小被送进寄宿学校而导致的吗？如果是这样，那些被送进寄宿学校的孩子，都会罹患心理疾病吗？

这就如同农村里的留守儿童，会成为新一代的精神疾病高发人群一样，我们不能说每一个留守儿童都会得病，但是，他们是心理疾病的高发人群是肯定的。他们未来在不同的年龄阶段有可能会罹患不同的身心疾病。

孩子太小的时候被送去寄宿学校是一个很大的问题，它会为孩子未来罹患心理疾病埋下隐患。因为在这个阶段的孩子，还需要和父母继续发展稳固的亲子关系。

一个7岁的孩子被送到寄宿学校去，一个星期只能在周末见到自己的父母。即使这个孩子在7岁以前，和父母建立起来的是安全的依恋模式，都有可能因为寄宿学校的某些老师的粗暴对待方式而摧垮对人的信任感，更何况本案例中父母的人格特质就是有问题的。这个孩子在7岁以前和父母建立的应该是不安全型的依恋模式，再加上去寄宿学校，遇到他觉得比较粗暴的小学老师，那么，那个躲在角落里幻想自己找个地洞钻进去的、瑟瑟发抖的孩子，该是多么的绝望！

孩子没有办法选择自己想去还是不想去，那么小的孩子就试图把自己给消灭掉，这里面究竟隐藏了多少对父母的失望，乃至绝望？

父母当然给这个孩子解释了为什么要把他送进寄宿学校，但是，在孩子那里，他无法理解父母的那些原因，他心中只能给自己一个解释，这个解释就是，我和你们在一起，你们并不开心，常常摆出怨恨的面孔，所以你们才把我送走了……

这个孩子长大以后，最擅长的事情就是去猜测女朋友还喜欢他吗，还在意他吗，微信信息回复迟了一点，或回复得简单了一点，他内心都是慌的，不知道没有在眼前的这个人是否又不喜欢他了，他心中充满了疑虑和愤懑。

而我们知道，这并不是针对他女朋友的，而是在年幼时候对父母的那一部分怨恨和愤懑还没有处理掉，所以移植到其他客体上去了。

在他年幼时，刚被送去寄宿学校的那一段时间，这孩子一定是有过反抗的，他对每一次周末来接他的父母，都有可能会表达他不希望留在寄宿学校的愿望。当然，假设这孩子不表达这种愿望，那就更糟糕，说明在7岁以前，父母就没有能力共情到这孩子，所以他早把对父母的表达给封闭了。但是从我们的心理咨询的过程来看，这一点是没有的，这孩子有很强烈的表达欲望。

那么，一次又一次的表达之后，父母还是依然在星期天的晚上把他送进寄宿学校，这孩子的心里又会产生什么样的假设呢？果然，还是没有人会真正地喜欢我，果然，父母和我在一起是不开心的，我没有能力让父母开心……

当然，还有一幕场景是在这孩子小的时候，曾经被送去给一个保姆带，而那保姆喜欢打麻将，时常让这孩子一个人玩耍。这些背景也会导致一个小孩子内在的那个核心信念的形成：我是没有价值的，我是不值得被爱的。

这些如果再加上这个孩子人格特质上的敏感气质，那么，一个抑郁型人格就形成了。

（4）

什么是抑郁型人格呢？

简单一点说就是：我完全不知道我在你心目中有没有一个被无条件地接纳和被爱的位置，所以我需要你让我看到在你的心中有这个部分。如果看不到，我就会迷失自己。

这不就是我们时常说的"关于被爱的验证"吗？这一点，在边缘型人格障碍患者那里可以说是已经演绎到了顶峰，而在抑郁型人格障碍患者这里，他只是在心底默默地验证、默默地愤怒、默默地离开，而在边缘人那里，他总是会闹出很大的动静来。

所以，抑郁型人内在的深刻的自卑，决定了他在关系里其实会向对方索要很多很多，保证，保证，保证……对方可以无限制地让抑郁型人感受到被爱吗？除非对方很有能量，否则对方会觉得很累很累。

当然，抑郁型人也是很有人格魅力的人，他们心思细腻，温和、善良、体贴，平时最大的功夫是察言观色，通过察言观色，他们会把对方照顾得很好，不管是在情绪上还是在生活细节上，他们也会让对方感觉到自己很重要。所以，抑郁型人是很能够吸引到恋人或配偶愿意待在他们身边的。

可是，这种无休止的关于被爱的验证，就如同一个游戏，玩的时间久了，对方就会疲倦。

抑郁型人格障碍目前没有诊断标准，我自己根据临床的抑郁型人格来访者的特点做如下描述：

①遇到事情倾向于从悲观的角度来解读。

②对自己的能力和才华的估计总是低于实际。

③如果做错一个选择或事情，他们倾向于很严厉地攻击自己的失误。

④习惯于自我憎恨。

⑤对于自己能不能得到爱和认可始终充满怀疑。

⑥常常通过过度奉献来抵消内疚感。

⑦人格类型上属于典型的内倾型人格。

⑧偶尔会用自大和自负来掩盖真正的自卑。

如何调适？

**重新审视你的自责。**抑郁型人的自责是病理性的，他们时常因为自己做过的决定而懊悔自责，在极端的时候，甚至潜藏着想要杀死这个犯下巨大错误的自体的愿望。在这种时候，他们变成他们内化的那个曾经的喜欢批评和训斥自己的客体，对于自己的错误采取绝不宽恕的态度。在这里也隐藏着一个巨大的不合理认知：我应该能够预测到我没有经历过的事情会有一个什么样的后果，从而做出精明的判断，以至于到今天不用来面对当初的失误所导致的愚蠢结果。所以，调适的方法就是去掉病理性自恋，恢复你作为一个人的存在，而不是一个神的存在。作为一个普通的人，你不可能事事都能够预料，你是肯定会犯错，一定会犯错的，犯错了，你的精明和英明也不会就完全走向反面。

**重新审视你的内疚。** 抑郁型人的内疚是一种病理性的内疚，他们时常因为自己伤害了某个人而陷入巨大的内疚情绪，甚至，他们会因为头脑里有伤害某个人的念头而觉得自己很坏，因此陷入内疚的泥潭中不能自拔。内疚之于抑郁型人，似乎是一道甜点，他们对之上瘾，缺之无味。其实这样的内疚，在病人年幼时可能曾经保护了病人，使之避免把一些念头付诸行动，但是，内疚沉积下来，却成为终年的咀嚼品，那就有点过了。调适的方法是意识到自己其实并没有对他人造成什么实质性的伤害，或者即便是有一些，那个人也是能够承受的。何况人和人相处，要厘清边界，你无论如何做，都有可能会伤害到对方的。你不可能完全让对方满意，因为如果你真的这样做了，你伤害最深的就可能是你自己了。

**重新审视你的抑郁情绪。** 能够进入抑郁状态，说明你的人格发展至少是通过了偏执分裂位态，进入了抑郁位态的。一个能够进入抑郁位态的人，虽然有在心中哀悼客体的丧失的能力，但是也有重新寻找失去的客体的能力，所以，这是抑郁型人的优势。抑郁是一个人一生中很宝贵的一种人生体验，因为只有抑郁，才会促使我们深刻地去面对自己的丧失，一个人只有意识到了自己的丧失，才能清醒地活着。

# 自虐型人格：我心里有一片沙漠

白雪，女，28岁，兰州人，大学本科毕业。

（咨询师先说一下对来访者的直观感受：身材很好，皮肤很好，透明而白皙，真的如同白雪公主一样；五官精致，眼睛很好看，而且瞳仁晶莹剔透，如同水晶葡萄一样看着水水的，非常美丽，现在已经很少见到这样的美女了。完全不像北方人，很有南方小家碧玉温润型的美女气质。）

（1）

大学毕业以后，我背井离乡来到A市，这或许可以让我离开原来的城市，离开那个让我觉得无比压抑的地方吧，不想接受原来那个失败的、无助的自我形象。其实，只要能离开家就可以。

现在想来，以前的恋爱关系或者友谊关系，只要在关系里我感觉到损害了我的形象，我就想逃避这个人。所以以前跟对象吵架，一吵架我就会觉得：完了，他肯定不会像以前那样对我好了，因为我已经把自己的形象给毁了。

之前在兰州交朋友，可以这么说吧，我爸妈拿了多少钱来养我，我起码就拿了一半的钱去养我的朋友们，我觉得好吃的东西，就一定会买给我的朋友吃，我能对他们好的，就会拼命对他们好，这样来让他们满意。可是，有些人会觉得我很蠢，反而来利用我，最后的结果，人家会觉得我是个软柿子好欺负。这样的事情层出不穷，我就觉得自己很失败。

上高中的时候，我转了一次学，在之前的学校里，我一直是被排挤的对象，我可能活得不是那么地贴近生活，因为我是心里怎么想，口中就怎么说的人，所以时常得罪人。在同学们看来，我就特别的张狂和张扬，所以大家都特别讨厌我。

还有一个原因是我一直都喜欢和男孩子做朋友，我讨厌女孩子的婆婆妈妈。所以那些女生就爱骂我，骂的话还十分下流，说我和某某男生怎么怎么了，搞得那个男生为了明哲保身，都不和我来往了，我心里十分的压抑，就申请转学了。

转学后是一个私立学校，我们班同学成绩都不好，班级纪律很混乱，时常打架，班里的人有时候还藏着铁棍、刀具等东西。男生都欺负我，他们经常骂我："你看吧，你爸妈都不要你，你活在这个世界上都是多余的，没有人喜欢跟你在一起，你活着干吗呀？没意义，你去死了算了。"

我爸妈从我很小就不关注我心里是怎么想的，所以，面对这些嘈杂的声音，我心里很难受，就自己一个人挺着，挺不住的时候，就坐在窗户边上准备跳楼，但是最终还是没有勇气跳下去。这样反复多次以后，我就想通了，你们凭什么要骂我啊？你们骂我，我就是你们骂的那种人吗？从此，我又走向另外一个极端，我变成了一个百毒不侵的款式了。任凭别人怎么说我，我都不为所动。

从小学到高中，我一直都是一个努力讨好别人的人。不管任何人跟我说需要我做点什么，我都会放下手里的事情，陪他去。基本上我是属于没有自我的那种状态。但是反过来，我对别人有需要的时候，别人却不买账了。

我初中的时候有一个好朋友叫李萨，因为他们家挨着邮局，那时流行给笔友写信，于是我就把我每天写的信交给她，让她给我投邮局。有一天，因为开家长会的缘故，我无意中发现我交给她的信全部在她的抽屉里，她没有给我寄走一封信，而在这之前，我几乎把我全部好吃好穿的都分享给了她。

初中毕业以后，她隔了两年就去上班了，有一次她叫我去她上班的地方玩，她的一个哥们那天也去了，然后那哥们说要借我的手机来打，那是爸爸新给我买的，在当时算是很贵也很稀有的手机了。他最开始是在房间里打电话，后来就下楼去了，然后就一直没有回来，我着急了，问李萨，李萨说没事，都是认识的，又等了一会儿，我又问李萨，李萨就下去找那男生，结果也没找着。当时我很害怕，因为如果告诉我爸爸的话，我爸爸肯定要把我打死。

当然，最后我的手机还是没有找回来，我也被我爸爸狠狠地打了一顿。

大学的时候我有一个女性的好朋友，她也是兰州人，大学毕业以后，我就准备来A市打拼，她听说了以后对我说，我要跟你一起去A市，而且她还提前把火车票都买好了的。她告诉我她带了1000元出门，我听了感觉到压力好大，1000元在A市能够做什么？租房子都不够啊。

后来我在A市找到了工作，一个月3500元的工资，我们一起合租的房子，房租是1300元一个月。因为我忙着上班，是那女孩去找的房子，通知我去的时候，房东、中介都在了，只等着我去签合同和交钱，押一付三，一共5200元。那女孩让我先垫付，等她找到工作了就把一半房租给我。

那女孩在A市也找到了工作，电话销售，就跟传销差不多吧，一群人每天在一个黑屋子里互相说："啊，你真棒！"她回来说给我听，还觉得特别有自信，可惜她一直都没有拿到工资。我觉得不对劲儿，就劝她离开那里。

我们每天的生活费都是我在垫付的，这个女孩没有上班以后，状态很不好，每天就在家里玩电脑，不收拾我们的房子，也不做饭。我每天下班以后还要买菜做饭给她吃，她吃完以后就又继续去玩电脑了，碗都是我洗，收拾家也是我……

而且后来我还发现，这女孩抢走了我喜欢的一个男生，时常和那男生睡在一起。

有一天我在单位里接到这女生的一条短信说："如果我走了，你会不会恨我啊？"我回答说："不会啊。"那女孩回复说："我现在已经在火车站了。"然后我整个人一下子就崩溃了，我一直哭，她走了以后我一直在生病，连着发了几个星期烧……

她走了以后我才发现，把房子租给我们的人并不是房东，真正的房东来找我要房子，说房租从来就没有给过他，然后就大骂我，要把我从房子里撵走。

当时我在 A 市也没有亲人，于是马上报警，警察也不管，说并没有发生什么刑事案件。这件事情对我打击非常大。

这就是我的两段友谊故事，其实还有第三段，不过结局都差不多，我总是被人欺骗、被人耍弄。

（2）

我读大学以后有一个很不好的习惯，凡是和我相好过的男生，他们的身上都有我打、掐、抓、咬的伤痕，那个时候不知道自己为什么会这么暴力。包括每天晚上躺在床上，都是计划怎么弄死我爸爸。但是就不明白为什么我对自己最亲密的人也会从精神上和肉体上去折磨他们，我会说一些过激的话去刺激那些男友。我能够很直觉地感觉到用什么方式可以狠狠地伤害他们，于是我就会那样去做。

我的第一个男朋友只有初中学历，学美容美发的，他家里很穷，我当时选择他的原因是他对我很好，很宠着我，什么事情都让着我。那时我在读大学，他就跟着我在我大学门口的美容美发店里打工，晚上就睡在商铺的地板上，后来他对我说，他听不懂当地话，还觉得老板员工那些人都瞧不起他。我们见面的时候，他就靠在我肩上哭诉这些，觉得他自己很没有用。我很讨厌别人老给我这些负能量，对他的态度就开始疏远起来，后来他就回兰州去了。

他那时会时常给我打电话和发短信，我在上课，就不能接，他会一直打，然后他会在短信上一直问我为什么不接他的电话，我很讨厌他这样黏我。

假期里，我曾经把这男孩带回家，我妈妈知道我把这男孩带到了我读大学的地方，还把我的初夜给了这男孩之后，勃然大怒，觉得我的行为有伤风化，特别丢人，让我以后不要和她联系了，要和我断绝母女关系。妈妈还把这事告诉了我爸爸，她知道我爸爸会怎么来收拾我。

果然，爸爸知道以后，来找我谈话。那天他喝了酒，他不听我说什么，就开始打我，他下手很重，还叫我和他一起写遗嘱，我们都分别写好了遗嘱，爸爸写得很认真，把他的房子、现金都做好了安排，然后就扯着我进了屋子，把我的照片全部摔在地上，让我去捡地上的玻璃。然后我爸爸拉着我出门，我说我要找一个东西，就往回走了，趁此机会，我给妈妈发了一个短信：妈妈，我爸爸要杀我，你快来救我。那个时候已经是夜里2点了，妈妈回复我：这么晚了，你们俩不要闹了，早点睡觉吧。

当时，爸爸一直打我，从三楼打到了一楼，用那个藏刀的刀背往我头上打，然后用那么长的刀尖抵着我的腰。我那时真的很怕，全身都在发抖，我也一直在哭，爸爸准备把我拉出大门，大门外有一个火车道，爸爸准备把我推到火车道上去。我一直死死地拉住铁门，直到没有力气了，然后冷静下来对爸爸说："你等一等，我想等妈妈来，再见妈妈最后一面。"

然后我看见我爸爸一愣，他没有想到我还会说这样的话，还可以大义凛然地赴死。我趁着爸爸发愣的时候，又给妈妈发了短信，过了不一会儿，妈妈和继父来了……

从那以后，我没有再回过爸爸的家。

但是，那几年里，我一听到摩托车的声音就害怕，因为我爸爸一直是骑摩托车的。

我并不恨爸爸，就是害怕，我无法处理我在面对他的时候的那种害怕。

作为一个中国人，我从来没有过过年，因为一过年爸爸就要喝酒，他一喝酒我就要挨打。打完以后，在半夜里，他又会来我床边哭，他会拉着我的手说："爸爸错了，你原谅爸爸吧。爸爸不是人，爸爸不该打你，爸爸给你钱花，你不要生气了好不好……"

我外婆曾经告诉过我，我妈妈如果有不顺从我爸爸的地方，爸爸就会暴打妈妈，时常打到妈妈遍体鳞伤。有一次，爸爸把刀子插进妈妈的身体，离妈妈的胰脏只有0.1厘米的距离，差一点要了妈妈的命，后来他们就离婚了。

每一次爸爸打完妈妈，同样是给妈妈下跪，说我错了，然后使劲地抽自己的耳光。然后在晚上一个人坐在床边说："我活不过今天晚上12点，我明天一定会死的。"妈妈听到就在心里说："你快点死吧……"

　　我爸妈离婚以后，因为爸爸工作的特殊性质，所以就是爸爸带我几天，妈妈带我几天。我和他们在一起的时候，感觉到他们似乎是被逼无奈在带我一样，心不甘情不愿的。

　　后来我爸妈各自有家之后，爸爸如果心情不好，就会说：你去你妈那儿待着吧。我跟妈妈在一起的时候，如果她心情不好，就会撵我到爸爸那儿去。

　　所以我3岁就一直在唱一首歌：爸爸一个家，妈妈一个家，剩下我自己，好像是多余的……

　　但是后来，再婚后的爸爸和妈妈，又都再次离婚了。他们最终还是很孤独地各自生活着。

　　（3）

　　2012年我大学毕业后就来到A市。

　　2013年，因为妈妈重度抑郁症发作，眼睛哭到肿得看不见东西了，连家门都找不到了。在这种情况下，我回到了兰州陪伴她，随后妈妈的情况才开始好转。

　　后来我在妈妈的商铺里面上班，我想过不干了，妈妈会说："许多关键的地方还是需要你来帮助我的。"可是，另外的时候，她又会对我说："你除了帮我开车和核实一下账单，你在我这里还有什么用？"所以我和妈妈在一起很累，最后只好离开她一个人到A市工作，谁知道她把她的商铺都转出去，又跟着我来到A市了。

　　在A市这边还好，A市人的包容性特别的强，我工作单位的领导也特别赏识我，所以我特别拼命地工作，别人每天只工作6个多小时，我每天还会把工作带回家继续做。我是只要人家欣赏我，就可以为别人卖命的那种人。

　　下班以后，妈妈对我的控制非常强，她几点睡觉，就要求我一定要几点睡觉，如果我在外面有应酬回来晚了，她会对我咆哮说："你是想害死我吗？"因为妈妈夜晚很害怕自己一个人，我不回家的话，她一个人在家里疑神疑鬼的，无法入睡。

每天早上，我一定要在妈妈起床之前起床，为她做好早点，如果我起床晚了一点，我妈妈也会惊叫，说我想要饿死她。

现在好希望我妈妈回到兰州去，重新找个对象，离开我最好。

妈妈要求我必须在晚上9点半以前回家，如果超过这个时间不回去，她就会给我发短信说要把我的东西扔出家门去。然后她会说，她睡不着觉都是因为我。"你是故意想把我逼死吗？逼死了我，你就开心了？"

听到妈妈这么说的时候，我会很生气，也很委屈。我从小到大有一个习惯，如果哪个人委屈了我，我又承受不住这个委屈，我就会狠狠地抽我自己耳光，然后还要跪下来给人家道歉。

你看，我手上的这些伤疤，就是跟我妈妈吵架的时候，我把自己割伤的。

起因是我和我男朋友的事情，我妈妈经济上比较宽裕，她出钱购买了房子，就觉得装修的钱该男朋友家里出，男方家经济上要差一些，所以就说先去按揭来装修，我就说我们一起工作存钱来还按揭。我妈妈就认为我向着我男朋友，觉得她说的话不重要，因为这个，我妈妈连着有4天不和我说话。

在这4天里，我一直在哄我妈妈。妈妈说她想吃牛肉，我就给她买来煮好了，她一口都没有吃；她感冒了，我把药备好给她，她理都不理我。我怎么哄她都没有用，后来我就问她是怎么想的，她说："我没有怎么想，我不是你妈，你别和我说话。你以后任何事情都跟我没关系……"

当时我就狠狠地抽了自己几个嘴巴，然后说："妈妈对不起，你别生气了，我错了。"但是心里并不是甘愿这么说的。后来我还意识到可能是想让妈妈内疚。

我妈妈反而越来越生气，说："你给我滚。"听到这句话，我整个人都崩溃了，于是我开始打自己，打了很多下，一直到一个星期以后，那边脸都还是肿的。妈妈看着我在她面前自己打自己，理都没有理我，还转过头去，说："你不要在我这儿作，你要作出去作。"

我冲下楼去买了一包烟，一把刀，找了一个酒店，在美团上挑选了好久的，因为我在考虑如果我死在那个酒店，会对那个酒店有什么影响，还是不愿意拖累那个酒店。

后来在酒店把遗书写好了，遗书内容写了很多，但是都是在责怪自己，其实也是希望我的爸妈看到之后会觉得对不起我，虽然同时我意识到这对我爸妈来说很难，我很难获得他们的内疚感。

我拿出刀子开始割自己的手腕，看着鲜血一滴一滴地从手腕上流下来，有点小小的兴奋。后来，我一个同学找过来了，把我带回了家，同学还一直让我给我妈妈道歉，我妈妈看到了我手上的伤，但还是依然要我道歉，我心里很不服气，明明就是你在作，为什么还要我道歉？

后来，我恢复理智的时候，还是找妈妈好好地谈了一次。我把事情的原委从头到尾给她分析了一遍，说我说那句话的意思是什么，"你根本没有搞清楚，就开始生气，而且情绪过激，你不觉得你作为一个母亲，每次都说一些伤人的话让我很伤心吗？平时我都顺着你，你说什么我都按照你说的去做，你为什么还这样对待我？你想想看，你有我，还有你的姊妹兄弟，而我除了你，什么人都没有了"。

妈妈原谅了我，但是说了一句："这是最后一次，你再有下一次，我永远不认你。"我说好，就吃饭去了。

我其实是用打自己的行为来试图激发出她内心的柔软，阻止我们俩的关系一直这样僵持下去。每次吵架，妈妈都会说一些过激的话，比如我想让她死，想逼死她之类的话，我听了很难受，所以我会有一些自己打自己的行为，希望让她心疼，然后就不和我吵架了。

其实我还经常会想到自杀，让他们内疚一辈子，我完全无法和妈妈讲道理，所以只能在内心设计那些铤而走险的情节。

（4）

我在初中的时候曾对同学说："我心里有一片沙漠，你给我任何东西，我都是在用勺子往外舀沙子，但是这个沙子是舀不完的，因为它已经结成沙漠了。"

## 对自虐型人格的解读与调适

我感觉她特别阳光开朗。虽然大学阶段的一些表现很像是一个边缘型人格障碍患者，但是，她的自我修复能力和愈合能力还是蛮强的，在我见到她的时候，她身上的边缘性基本已经没有了。

白雪在和我说话的时候，不管说到什么事情，脸上都是一副云淡风轻的表情。即便是在说她爸爸准备杀死她的那一段经历的时候，同样如此。只是语气稍微凝重一点，泪花浮现过一点点，但是很快就消失了。

她的经历和她的父母，在我的来访者里面是很"奇葩"的，而且说实话，因为涉及来访者的隐私，那些她父母做过的更"奇葩"的事情我根本就没有写出来。但是，她在整个咨询里没有掉过一滴眼泪，这和我的其他来访者很不一样。

其他来访者的遭遇没有她的惨，但是他们中的一些人，一说话眼眶就红了，整个咨询的过程，几乎要用掉半包纸巾。而她，即便是在说到我都想哭的时候，依然是那副云淡风轻的表情。

这是一个什么样的奇女子？她可以把她的创伤整合得这么好，显得毫无创伤的痕迹？

而且，她还特别地补充一句，"其实我的生活还蛮好的，除了把这些事情翻出来说的时候感到沉重以外"。

我是在一群心理咨询师的聚会上见到她的，那时她准备考心理咨询师，因为要成为一个心理咨询师需要一定次数的个人体验，所以这才找到我来给她做这个个人体验。

她一共在我这里做了7次个人体验，然后就停止了，停止的原因是她发现自己的心理很健康，没有什么问题需要处理。而整个分析的过程中，我也有这样的感觉。

和她妈妈的关系？她觉得她可以理解她妈妈为什么会表现出那些言行，

她努力让自己去适应妈妈就好了。和爸爸的关系？她后来从来不主动联系爸爸，爸爸偶尔会给她打电话，她也不恨自己的爸爸，觉得爸爸就是有心理问题，她去接受就好了。和男朋友的关系？也没有问题，她觉得这样的异地恋也蛮好的，她一个人在 A 市生活也挺自在的。

所以，她的 7 次个人体验，都是在告诉我她的过往经历，然后等待我的分析。但是，我在她描述的过程中发现了她的泰然处之，她似乎已经很好地整合了过去的创伤，她现在的工作和生活其实都很平静，每天还很有规律地去健身。她在分析中没有困惑，没有需要处理的问题。

当我试着回应她和她妈妈的关系里存在着某种投射性认同的时候，她觉得她不需要我的解释，她可以适应和妈妈的相处。当我回应她在和同性相处中熟悉的那种强迫性重复的模式的时候，她觉得她没有什么问题，是因为人性都是自私的，是别人太自私了，利用了她。她显然可以通过这些取得一次次道德上的制高点的感觉。

我是在她个人体验已经结束一段时间，在写这个书稿里的自虐型人格的时候，突然想到她的。其实，在和她工作的时候，我觉得她的人格问题划归到自恋型人格障碍的谱系下还是没有问题的，因为她的自我主体性的欠缺，以别人的需要和召唤为自己的人生使命，等等。

我在临床中发现，这种障碍可以并发在很多个人格障碍中，比如强迫型、回避型、分裂型、分裂样、自恋型、边缘型等人格障碍中，好像除了反社会人格障碍，其他的人格障碍都可能合并自虐型的人格。

她身上为什么带有强烈的自虐色彩呢？

我们分析期间，她是在恋爱之中，他们已经走过了 4 年的异地恋。我见过那男孩，说真的，那男孩配不上白雪，白雪的气质和美貌以及家庭经济条件都很不错。自身的能力也很强，积极上进，喜欢学习，性格也很开朗，活泼大方。

那男孩比白雪小 4 岁，现在还在兰州上班，收入很普通，也不愿意放弃自己的工作到 A 市来陪伴白雪，但是白雪和那男孩却坚持了 4 年的异地恋。

原因大约是有一次白雪说分手，那男孩非常难受，再三地表示自己离开了她就不想活了，白雪在那男孩身上看到了自己存在的价值，觉得自己在一个男孩的心目中如此重要，自己怎么可以抛弃他呢？

即便他们偶尔的相逢，那男孩的大部分时间也是在玩网游，他对她的身体缺乏兴趣，她对他的缺乏激情却也觉得平平常常。

那男孩也和白雪一样有着暴戾的父亲和冷漠的母亲，他父亲暴打他的程度也和白雪的遭遇不相上下。所以我在那男孩的身上看到一些对于感情的退缩和回避的特性。

而白雪在这样的感情里一待就是 4 年，把一个女孩 24 岁到 28 岁的黄金时间交给了这种虚幻的异地恋，这不是自虐是什么呢？明明可以有更好的选择，但是就专门挑选那种注定会让自己失望的人。

我们的分析结束以后，他们分手了，是因为前两天我要写这个稿子，征求白雪的同意的时候，白雪告诉我的。

我唯一知道的白雪的两段恋情，男方和她的差距都很大，她飞蛾扑火一般投入其中，只是因为对方会宠爱她，让着她。小时候没有得到爱的孩子，辨识不了被爱的真正模样，对方的一些忍让和退让，让她以为这样就是被爱。

她在关系中经常跳出来去帮助别人，她觉得正确的，就想办法要去纠正别人的错误的观念或者是行为，因为她怕别人吃亏或受伤，她甚至不惜付出自己的金钱和精力来帮助那个朋友，最后往往还得不到朋友的认可。这里面有一个明显的投射过程，她在投射她自己的价值感给对方，对方如果认同了，就会显得需要她和依赖她；对方如果没有认同，她自己又很受伤。

和妈妈的相处里，一旦发生冲突，她就通过打自己的耳光来试图息事宁人：与其遭遇你的抛弃，还不如我先自己惩罚自己，这样，你的惩罚是不是就可以收回呢？这是白雪内心没有说出来的话。

她的父母离婚以后，两边轮流抚养她，而且父母都有点不情愿，或者妈妈反复地撵她去爸爸那里，或者她惹恼妈妈的时候，妈妈长时间不理睬她……

这些都是一些类似于抛弃的行为。所以，这孩子内心是有对于被抛弃的恐惧的，因此遇到冲突的时候，牺牲自己的意志，去换取一个"稳定"的关系，也是自虐者的一个潜意识"策略"。

我和她在一起时的反移情，使我每次听到她的话语的时候，心中都会泛滥起一种母爱的本性，想要去怜惜她，爱护她，保护她，怎么可以有命运这么惨的一个柔弱美女？老天爷太不公平了。但是，我很快识别到了我被她所激活的这个反移情，那么，她在生活中，是否也是通过这样的方式去激活别人来关心她，呵护她呢？

但是，当别人想真正帮助她的时候，会发现那是完全徒劳的，她内心早已经有一个陷阱，就等着你掉进这个陷阱里，因为所有人最后都会发现，你是帮助不了她的，她根本不需要帮助。她只需要让那些伤害过她的人后悔、内疚、自责就可以了。说到这里，这类人虽然是自虐，但是也同时具有施虐的特性。

其实，一个人如果有自虐人格的话，是不可能不伴随有施虐的人格特质的。就如同本个案的白雪一样，她自虐的时候想到的是让对方内疚自责，这是一种想象层面的对对方的施虐，因为内疚和自责是一种对自己的攻击，她通过自己的行为来让对方内疚和自责，相当于她让对方去攻击他自己，这不是施虐是什么呢？

还有，自虐也可以是一种防御机制，是因为总是遭受虐待，为了避免预想中的虐待的来临，我干脆先自虐好了，你们看到我的惨样，你们还好意思虐我吗？所以，自虐其实也可以看作避免被虐的一种积极主动的行为。只是自虐者通常不会想到，那个真正要虐他的人，不会因为他的自虐就停止自己的虐待行为！所以，自虐者所想获得的庇护，其实是一种想象层面的东西。被虐待实在是太痛苦了，所以我不得不建构出来一个我认为可以换来安全的策略，即便这种策略总是失效，我也乐此不疲，这就是自虐者的悲哀！

自虐型人格障碍还有一个名字，叫自我挫败型人格障碍。这样一种人格问题，之前曾经出现在美国的精神疾病分类的前三版中，从第四版开始取消了，不知道是不是因为发现它作为一种单独的人格障碍还是缺乏区分性而作罢。美国精神病学诊断标准 DSM 对该型人格障碍临床表现的描述如下：

①病人往往挑选导致自己失望、失败或虐待的人们或境遇。

②对他人的帮助排斥或毫无反应。

③对积极的私人事件的反应常伴有抑郁、犯罪或引起痛苦的行为。

④对生气的刺激或来自他人的排斥反应感到伤心、挫败或羞辱。

⑤对愉快的机会排斥或不情愿承认自己的愉快。

⑥失败地完成决定性的任务，而不顾是否证明自己的能力。

⑦对谁对他（她）好不感兴趣，泰然处之。

⑧过分进行自我牺牲。

如何调适？

**重新认识自虐。**自虐换不来真正的关系。无论你牺牲多少，对方潜意识层面还是知道那只是你自己的需要，不是对方需要你那么做的，甚至，对方如果明白这是一种策略，还可能会远离你。

**重新形成新的信念。**旧有的信念可能是"我是不值得被好好对待的""我只有受苦，才能获得我想要的关爱"。要学会试着用新的信念去改变旧有信念："我是值得被好好对待的""我可以有更好的人生""祥林嫂式的诉苦，只会暗示自己的人生更苦，没有明天""我值得找到一个真正爱我的人"。

**提升自己的自我价值感。**这当然是所有的人格障碍患者都需要做的一个自我调适。提升的方式有发展自己的才能和技巧，靠自己的能力获得自己想要的生活，避免依赖他人提供物质和情感上的支持才能够获得自尊心……

# 参考书目

钱铭怡主编：《变态心理学》，北京大学出版社 2014 年 10 月版。

（美）南希·麦克威廉斯著，鲁小华、郑诚等译：《精神分析诊断：理解人格结构》，中国轻工业出版社 2017 年 12 月版。

林万贵著：《精神分析视野下的边缘型人格障碍：克恩伯格研究》，福建教育出版社 2008 年 1 月版。

查普曼、格拉茨著，王学义主译：《边缘型人格障碍生存指南》，北京大学医学出版社 2016 年 6 月版。

（美）阿伦·贝克等著，翟书涛译：《人格障碍的认知治疗》，中国轻工业出版社 2004 年 10 月版。